主办 中国建设监理协会

# 中国建设监理与咨询

中国建筑工业出版社

**图书在版编目（CIP）数据**

中国建设监理与咨询　18/ 中国建设监理协会主办.—北京：中国建筑工业出版社，2017.10
ISBN 978-7-112-21441-9

Ⅰ.①中…　Ⅱ.①中…　Ⅲ.①建筑工程—施工监理—研究—中国
Ⅳ.①TU712.2

中国版本图书馆CIP数据核字（2017）第262758号

责任编辑：费海玲　焦　阳
责任校对：张　颖

中国建设监理与咨询　18

主办　中国建设监理协会

*

中国建筑工业出版社出版、发行（北京海淀三里河路9号）
各地新华书店、建筑书店经销
北京嘉泰利德公司制版
北京方嘉彩色印刷有限责任公司印刷

*

开本：880×1230毫米　1/16　印张：$7^1/_2$　字数：300千字
2017年10月第一版　2017年10月第一次印刷
定价：**35.00**元
ISBN 978-7-112-21441-9
（31126）

**编辑部**

**地址：**北京海淀区西四环北路 158 号
慧科大厦东区 10B

**邮编：**100142

**电话：**（010）68346832

**传真：**（010）68346832

**E-mail：**zgjsjlxh@163.com

18
2017 / 5
总第18期
CHINA CONSTRUCTION
MANAGEMENT and CONSULTING

# 中国建设监理与咨询

## 目录 CONTENTS

### 行业动态



### 政策法规



### 本期焦点：工程监理行业转型升级创新发展



### 监理论坛

## 项目管理与咨询



## 创新与研究



## 人才培养



## 人物专访



## 企业文化

## 天津市建设监理协会组织装配式建筑现场观摩活动

为深入贯彻落实国务院办公厅《关于大力发展装配式建筑的指导意见》文件精神，加快推动天津市装配式建筑发展，着力提高天津市装配式建筑项目监理人员现场监理水平，更好地对装配式建筑建设全过程进行指导和服务。2017 年 7 月 19 日，天津市建设监理协会组织相关企业技术负责人约 40 余人前往天津市北辰区双青新家园 1 号地现场，观摩学习由天津市北方建设监理事务所监理的双青新家园（荣畅园）装配式住宅项目。协会马明秘书长及专业委员会专家参加此次观摩活动。

观摩活动分现场观摩和交流座谈两个阶段进行，与会人员实地参观荣畅园装配式建筑项目现场，在总监的带领与讲解下，深入了解装配式建筑的结构工艺流程、监造要点、与全现浇相比的优势和劣势以及监理现场工作注意事项、文明施工措施。随后，与会人员召开交流座谈会，在先后听取北方监理、方兴监理、建工监理三家单位装配式建筑项目监理工作实施进展及心得体会的基础上，特别请到了双青新家园项目施工技术负责人与参会人员进行交流答疑，与会人员就装配式建筑现场监理工作应该注意的要点、如何进行成本控制及未来发展方向进行了深入的交流。

通过此次装配式项目观摩，增强了天津市监理企业及监理人员对装配式建筑的认识，发展装配式建筑是建造方式的重大变革，意义重大；有利于节能环保、实现建筑现代化、保证工程质量、缩短建设周期、催生新的产业和相关的服务业。天津市建设监理协会将加大典型的装配式项目培育、加强行业内的宣传引导，尽快完善与装配式建筑相关的监理工作指导文件，力争多个方面取得新突破，全力配合天津市装配式建筑工作再上新台阶。

（张帅　提供）

## 贵州省建设监理协会举办BIM技术应用讲座

2017 年 7 月 31 日，贵州省建设监理协会根据 2017 年工作计划安排，在贵州省建筑设计研究院有限责任公司 1003 会议室举办了“BIM 技术应用讲座”，协会特聘前来参加贵州省“互联网 + 建设行业大数据”研讨会的特邀嘉宾，毕埃慕建筑数据技术股份有限公司创始人、首席咨询顾问林敏先生前来授课。林敏先生以“BIM 全生命周期应用之道”为题，介绍了基于 BIM 的新式项目管理模式以及以 BIM 为入口对建设项目实施信息化管理的工程实例。来自省内外 30 多家骨干监理企业的有关负责人以及协会专家委员会成员共计 70 余人聆听了讲座。林敏先生还和部分企业的代表就 BIM 技术应用和项目管理信息化方面的技术与管理问题进行了交流。本次讲座得到了贵州省建筑设计研究院有限责任公司的大力支持。

协会会长杨国华，副会长胡涛、余能彬、袁文种、孙利民及部分常务理事等协会领导出席了讲座。汤斌秘书长主持讲座。

（高汝扬　提供）

## 山西省建设监理协会召开四届六次常务理事扩大会暨“转型升级 走出国门”交流会和工程质量安全案例解析提升行动会

2017 年 8 月 11 日，山西省建设监理协会在太原召开四届六次常务理事扩大会暨“转型升级　走出国门”交流会和工程质量安全案例解析提升行动会。特邀全国人大代表、省建总公司副总经理柳树林出席会议并作报告。协会唐桂莲会长，张跃峰、黄官狮、苏锁成等 10 名副会长，“两委”成员、常务理事、理事近 200 人参加大会。副会长陈敏主持。

会议首先由“省交通监理”公司董事长张跃峰以“努力夯实发展基础　匠心打造转型之路”为题，交流了在“青”投中近亿元监理费 PPP 综合服务项目大标的经验。接着，全国人大代表、省建总公司副总经理柳树林以“FIDIC 合同条款下咨询工程师的职能和作用”为题作专题报告。

大会第二阶段，由省监理专家委员会董子华教授以西安地铁“问题电缆”事件、清华附中工地坍塌等典型案例，就监理如何在工程质量安全提升行动中充分发挥作用作解析探讨，进一步推动三年提升质量行动。

孟慧业副秘书长就山西省关于参加《建设监理》“监理通杯”第二届全国建设监理论文大赛“理工大成”等企业的投稿情况作了表扬与通报。

大会第三阶段，就其他有关事项作了表决。

最后，唐桂莲会长总结讲话，从工程建设组织模式调整、监理面临的新问题、“一带一路”发展战略与培养人才等四个方面分析当前形势，鼓励企业更新理念、适应形势、善搏敢为、尝试出海，走出“娘子关”、走出国门，以引领行业发展的担当和凝聚力，开创山西监理新局面。

（孟慧业　提供）

---

## 重庆市建设监理协会第五届会员代表大会召开

重庆市建设监理协会第五届会员代表大会于 2017 年 7 月 31 日在重庆阳光五洲大酒店举行。重庆市城乡建委建管处艾云副处长、重庆市民间组织管理局余东海副局长、市质监总站付晓华副站长、市建委办公室李培等到会。

协会现有会员单位 142 家，参加大会的有 136 家。第四届协会会长雷开贵作了第四届协会工作报告；秘书长史红作了第四届协会财务报告。第四届协会副会长胡明健、副秘书长肖波分别向大会报告了《重庆市建设监理协会章程》修改的说明、《行业自律公约》及《自律公约实施细则》修改的说明，大会表决通过了上述报告。

根据协会章程，选举产生了第五届理事会成员、监事，投票选举产生了常务理事、副会长、会长。新任会长雷开贵聘任了新一届协会秘书长、副秘书长、顾问。

新任会长雷开贵在会上谈了新一届协会工作思路。一是继续发挥政府与企业之间的桥梁作用，把政府的政策和企业的诉求联系起来，承上启下引导行业发展；二是继续发挥企业与企业之间的纽带作用，在遵守国家法律法规的前提下，让企业抱团发展，营造更好的市场环境；三是寻求政府支持，出台监理招标示范文本，限制低价竞争，提升行业形象；四是进行理论研究，为政府提供制定行业法律法规的理论依据。最后雷会长解析了近期住建部出台的《住房城乡建设部关于促进工程监理行业转型升级创新发展的意见》，指出只要按照市场需求来确定业务发展方向，找准定位、做出特色和品牌，每个企业都有生存和发展的空间。新一届协会将以新的姿态付出更大努力、思考更多问题、探索更多方法，以实际行动促进行业健康发展。

会上进行了“重庆市建设监理行业自律平台”启动仪式和《自律公约》签约仪式。市建筑科学研究院、华兴工程咨询有限公司、联盛建设项目管理有限公司的企业代表在会上进行了学术交流。

---

## 天津市建设监理协会全运会场馆装点项目公益行动员会

2017年8月9日，天津市监理协会召开了“天津市建设监理协会全运会场馆装点项目公益行动员会”，监理协会理事长郑立鑫，副理事长石嵬、赵维涛、庄洪亮，监事长陈召忠，全运会组委会工程部负责人汤浩、新闻部负责人贾自欣以及承担全运会41个场馆建设的18家监理企业领导和项目监理机构负责人约50余人参加了动员会，会议由监理协会秘书长马明主持。

马明秘书长首先介绍了天津市建设监理协会受全运会组委会委托组织相关监理企业对全运会场馆装点项目实施检验、复核的工作情况，以及做好全运会场馆装点项目工作的重要意义，希望我们监理企业以一流的工作水平和良好的精神风貌，为全运会的圆满召开保驾护航。

监理协会副理事长赵维涛作了动员讲话，号召各监理企业要秉承监理精神，全力以赴做好全运会场馆装点项目工作。

天津市建设工程监理公司副经理李士强宣读了监理协会编写的《全运会场馆装点项目检验、复核实施方案》。监理协会副理事长石嵬宣读了全运会场馆装点项目《倡议书》，监理协会理事长郑立鑫同志和承担41个全运会场馆装点项目建设的18家监理企业代表在倡议书上签字。

全运会组委会工程部负责人汤浩对监理行业勇于担当和无私奉献的精神表示感谢，表示全运会组委会一定做好后勤保障工作，同心协力圆满完成全运会场馆装点项目工作。

监理协会理事长郑立鑫同志作总结性发言，提出三点要求：一要增强监理的责任意识和担当精神，以最坚定的决心信心、最昂扬的精神状态、更精心的准备做好场馆装点工作，高质量高水平完成好全运场馆的装点工作。二要按照既定目标，盯紧工期、科学调度，强化监理质量安全各项措施落实，着力打造经得起检验的精品装点工程。三要多方配合、协同合作，不断增强公益事业发展合力。努力提升监理行业的社会存在感和认可度，推动监理事业在更高的起点上持续健康发展。最后他希望广大监理企业更加积极、踊跃地投身到全运会装点工程工作当中去，汇聚监理力量，为把全运会办成一届精彩纷呈的体育盛会作出应有贡献，以全运会的圆满成功迎接党的十九大胜利召开。

（张帅　提供）

## 北京市建设监理协会召开六届一次会员大会

2017 年 8 月 22 日下午，北京市监理协会召开六届一次会员大会，到会监理单位 176 家近 300 人。参会领导有：会长李伟，副会长曹雪松、李明安、孙琳、刘秀船，首席专家张元勃。会议由曹雪松副会长主持。

会上，李伟会长从五个方面通报了 2017 年上半年市监理协会工作情况。1. 履行好监理职责是做好监理工作的根本。监理的作用体现在 3 个方面：一是保质量安全的底线，这是监理工作的基本职能；二是第三方，公正性的维护者；三是增值服务，为建设单位服务，为社会作贡献。2. 改善人员结构提高监理素质。市监理协会将组织“监理资料管理标准化竞赛”，不同阶段通过者颁发不同等级的监理资料员荣誉证书，鼓励年轻人专业化，提供发展空间。3. 做好双向服务。监理既要做好对建设方的服务，也要做好对社会公共利益的服务，因为监理行业承担了法律赋予的职责。4.“行业自律示范项目评选”检查情况。这次颁发“示范项目奖牌”的 6 个监理项目有不少的创新点，值得观摩学习。要树立榜样，以点带面，提升总体水平。5. 继续做好科研创新工作，做好监理资料标准化的落实和推进工作。2017 年开展了 5 项课题研究工作。市监理协会鼓励监理单位对监理行业作贡献，为首都工程建设作贡献。

李会长指出：首都监理行业要紧紧围绕新机场建设及其他重点工程建设，结合全市工程建设的实际需要，脚踏实地履行监理职责，提升人员素质和履职能力，改善行业形象，做好双向服务，为保证北京市工程建设质量安全作出应有的贡献。

会上举行授牌、颁奖仪式。1. 对包括北京远达国际工程管理咨询有限公司监理的“北京大学医学部游泳馆”等 6 个项目颁发行业自律示范项目入围公示牌。2. 对在 2015~2016 年度“北京建设行业诚信监理企业”评比活动中，初评的“北京博建工程监理有限公司”等 15 家监理单位颁发奖牌。3. 对 2016 年再次参加“捐资助学”活动的“北京地铁监理公司”等 52 家监理单位颁发锦旗。

（张宇红　提供）

---

## 青海省工程监理企业信息技术应用经验交流会胜利召开

为贯彻落实《国务院办公厅关于促进建筑业持续健康展的意见》，推动青海省监理企业信息化建设工作，引导监理企业学习、应用 BIM 技术，促进工程监理行业提质增效，2017 年 9 月 1 日，青海省建设监理协会召开了全省工程监理企业信息技术应用经验交流会并组织了关于“建筑业改革与全过程咨询”“BIM 建模与 BIM 应用”的知识讲座。协会会长、副会长、秘书长及各监理企业的负责人和技术负责人 180 余人参加了会议。省住房和城乡建设厅建管处刘炳勤主任应邀参加了会议。会议由协会副会长何小燕主持。

交流会首先由青海省建设监理协会妥福海会长致辞并介绍了中国建设监理协会举办的信息化技术应用交流会相关内容，并就“企业信息化建设和 BIM 应用的必要性”作了交流发言，省住房和城乡建设厅建管处刘炳勤主任和中国建设监理协会王学军副会长作了重要讲话。

交流会上青海省国宏工程监理咨询有限公司李国强主任以“监理项目中信息化建设应用实践”为主题作了经验交流；青海百鑫工程监理咨询有限公司王普照总工程师以“加快推进企业信息化建设”为主题作了经验交流；北京市监理协会李伟会长介绍了北京市监理行业信息技术与应用的情况；江苏建科建设监理有限公司李如斌副总工程师以“构建信息化管理平台，实现企业创新发展”为主题作了详尽的经验讲解。珠海市世纪通网络科技有限公司刘明理董事长为大家讲解了建设监理咨询企业信息化整体解决方案以及监理咨询企业综合业务管理系统，与会代表受益匪浅。

下午，江苏省建设监理协会陈贵会长作了“建筑业改革与全过程咨询”的知识讲座。北京市监理协会创新研究院 BIM 研究所邓椿森所长以实际案例为大家详细地介绍了 BIM 建模以及 BIM 应用的相关知识。

此次会议得到了中国建设监理协会及兄弟省份相关单位的大力支持和帮助，为青海省监理行业传经送宝，同时也提供了一个同行之间相互交流、相互学习的平台，为提高青海省监理行业信息化水平，促进理念的更新、模式的改革、质量的提升带来了希望。

本次大会经过全体参会代表的共同努力取得圆满成功。

## 北京市监理协会召开行业自律示范项目经验交流会

2017 年 8 月 25 日，北京市监理协会召开行业自律示范项目经验交流会，市监理协会会长李伟及 130 余家监理企业的代表共计 270 人参加。李伟会长主持会议。

李伟会长介绍了召开行业自律示范项目经验交流会的目的意义。指出：1. 示范项目的评选主要考核和考察总监的管理水平及能力、公司的支持程度以及创新工作情况。2.BIM 技术的应用市场可观，市协会研究院“BIM 团队”秉承资源共享原则，协同各监理公司一起推进 BIM 技术应用发展。3. 安全责任重大，协会高度重视，监理安全责任要做到四个区分，1）区分直接生产者责任和监理责任；2）区分监理人员是否履职和履职免责；3）区分意外事故和责任事故；4）区分行政责任和刑事责任。4. 监理单位具有独立性，要作到公正性。最后，李伟会长表示，6 个入围的“行业自律示范项目”非常具有代表性，值得观摩学习。在检查过程中，监理单位有不少的管理亮点，值得保持和发扬。

会上，四家监理单位作了现场交流，与参会人员分享创新管理成果。

1. 北京远达国际工程管理咨询有限公司历爱华，交流的主题是“落实标准化建设扎实推进监理工作”。

2. 北京方圆工程监理有限公司王立恒，交流的主题是“用 BIM 辅助搞好设计监理工作”。

3. 北京赛瑞斯国际工程咨询有限公司范志勇，交流的主题是“安全文明施工监理工作”。

4. 北京双圆工程咨询监理有限公司刘明学，交流的主题是“在工程中树立监理权威”。

会后，参会代表和演讲人进行了互动交流，交流达到良好效果。首都监理单位应积极组织学习，提升监理行业整体素质和标准化管理水平。

（张宇红　提供）

## 广东省建设监理协会举办“城市地下综合管廊技术交流暨工程观摩会”

城市地下综合管廊建设是国家重点支持的民生工程，国务院高度重视推进城市地下综合管廊建设，为更好地贯彻国家战略部署和发展规划，推动城市地下综合管廊建设，提升城市综合功能，应广大会员要求，结合省住房城乡建设厅质量月活动，广东省建设监理协会于2017年9月6日在肇庆新区城市地下综合管廊项目现场召开了“城市地下综合管廊技术交流暨工程观摩会”（以下简称交流会）。部分会员单位的企业负责人、技术负责人、总监理工程师等超过110人参加了交流会。

首先，李薇娜秘书长介绍了此次交流会的背景及主题，并向会议协助方，广东建设工程监理有限公司的大力支持表示衷心感谢。随后邀请广东省建筑设计研究院副总工程师、教授级高级工程师、《广东省综合管廊项目建设实施总体方案》编制人李骏飞先生为大家讲解和分享《综合管廊的相关政策及工程案例》。

李骏飞先生采用图文并茂的PPT演讲稿深入浅出地为各参会人员展示了综合管廊的“前世今生”（起源与发展），分析了国内外综合管廊的发展现状，其后对现行的政策法规进行讲解，并解构综合管廊工程的建设开发模式和解读了综合管廊的发展前景、困难和机遇。最后，李骏飞先生向各参会人员分享了我国近阶段综合管廊建设的若干工程案例，包括场地状态、设计理念、地下空间布局及各类入廊管线需求等知识点。

下午，会议安排了该项目总监理工程师代表丁满平先生对项目工程概况、规模、功能及监理工作的重点难点等实践经验和做法进行介绍，并深入肇庆新区城市地下综合管廊项目现场进行实地观摩学习。

肇庆新区城市地下综合管廊项目无论在规模上，还是技术上都具有重要的标杆作用，参会人员反应热烈，皆表示此行获益匪浅。李秘书长也表示，协会将不定期举办类似的交流会，为行业服务，为会员服务，也祝愿各位同行勇于创新，不吝分享，共同进步，齐争一流。

（高峰　提供）

---

## 工程建设标准体制将迎重大改革

针对工程建设标准（以下简称“标准”）目前存在的刚性约束不足、体系不尽合理、指标水平偏低、国际化程度不高等问题，住房城乡建设部会同有关部门起草了《工程建设标准体制改革方案（征求意见稿）》，于近日发布。

改革目标

● 建立以工程建设技术法规（以下简称“技术法规”）为统领、标准为配套、合规性判定为补充的技术支撑保障新模式。

强化底线控制要求，建立工程规范体系

● 明确工程规范类别、层级。工程规范分为工程项目类和通用技术类；工程规范分国家、行业、地方三级。

精简政府标准规模，增加市场化标准供给

● 明确标准定位。标准分为政府标准、团体标准、企业标准。政府标准分为国家、行业、地方标准，分别由国务院住房城乡建设主管部门、国务院有关部门、省级住房城乡建设主管部门制定发布。

● 积极培育发展团体和企业标准。鼓励第三方专业机构特别是公益类标准化机构，对已发布的团体和企业标准内容是否符合工程规范进行判定。

实施标准国际化战略，促进中国建造走出去

● 加强与国内、国外标准对接。对发达国家、“一带一路”沿线重点国家、国际标准化组织的技术法规和标准，要加强翻译、跟踪、比对、评估。

● 创建中国工程规范和标准国际品牌。完善中国工程规范和标准外文版的同步翻译、发布、宣传推广工作机制。

● 深入参与国际标准化活动。支持团体、企业积极主导和参与制定国际标准，将我国优势、特色技术纳入国际标准。推动与主要贸易国之间的标准互认，减少和消除技术壁垒，鼓励团体、企业承担国际标准组织技术机构秘书处工作，开展长效合作，推广中国技术。

加强基础研究，提升综合能力

● 加强标准化基础理论研究。开展历史建筑建造管理技术、方法、思想研究，提炼中国传统的标准化元素。

● 推动标准前沿技术研究。开展国际先进技术情报工作，跟踪分析国外技术法规的先进指标。

● 强化标准应用技术研究。研究建立标准完善快速响应机制，针对重大自然灾害和质量安全事故，及时开展工程规范和标准评估。

建立信息公开、管理、服务工作长效机制

● 主动公开、积极宣传工程规范和标准。工程规范和政府标准应全文在政府网站公开，免费查阅下载。

● 加强信息化管理、服务工作。建立国家级工程规范和标准综合信息化平台。

加大实施指导监督力度，提高权威性和影响力

● 强化企业实施标准的主体意识。推广施工现场标准员岗位设置，建立标准化工作体系，实施标准化战略和品牌战略。

● 优化政府监管体系。监管部门应依据工程规范开展全过程监管并严格执法，检查结果要及时公开通报并与诚信体系挂钩。

● 建立工程项目合规性判定制度。工程项目采用工程规范之外新的技术措施且无相应标准的，应由建设单位组织设计、施工等单位以及相关专家，对是否满足工程规范的性能要求进行论证判定。

强化保障，确保改革任务落实到位

● 制度保障。修订建筑法等有关法律法规，制定工程建设标准化条例。

● 人才保障。成立国家工程建设标准化研究院，建立国家级的工程规范和标准中国特色新型智库。成立全国工程规范专家委员会，完善现有标准化技术委员会。推进标准化学历教育，编制相关教材，鼓励和支持开设国际建筑标准化课程。开展全覆盖、多层次、经常性的标准培训，纳入执业人员继续教育、专业人员岗位教育和工人培训教育。

（冷一楠收集　摘自《中国建设报》）

## 住房和城乡建设部要求严厉打击安全生产非法违法行为

今年以来，全国建筑施工安全生产形势严峻，一些企业安全生产非法违法行为屡禁不止，安全事故时有发生，给人民群众生命财产造成重大损失。日前，住房和城乡建设部办公厅下发《关于严厉打击建筑施工安全生产非法违法行为的通知》，严厉打击建筑施工安全生产非法违法行为。

● 严肃查处建筑施工生产安全事故

各级住房和城乡建设主管部门要从严追究事故责任企业和责任人的责任。强化资质资格管理相关处罚措施的适用，对较大事故负有责任的建设、施工、监理等单位，依法责令停业整顿，对重大及以上事故负有责任的，依法降低资质等级或吊销资质证书；对事故负有责任的有关人员，依法责令停止执业或吊销执业资格证书。严格执行建筑施工企业安全生产许可证动态核查制度。事故发生后，立即组织对相关建筑施工企业安全生产条件进行复核，根据安全生产条件降低情况，依法暂扣或吊销其安全生产许可证。

● 加大危大工程安全生产违法行为查处力度

各级住房和城乡建设主管部门要把危险性较大的分部分项工程（以下简称“危大工程”）作为建筑施工安全监管执法工作的重点，严格危大工程安全管控流程，强化危大工程安全管控责任，对危大工程安全生产违法行为重拳出击、严肃查处。特别是对于未编制危大工程专项方案，未按规定审核论证、审查专项方案，未按照专项方案施工等行为，要立即责令整改，依法实施罚款、暂扣施工企业安全生产许可证、责令项目经理和项目总监理工程师停止执业等行政处罚。对涉及危大工程的安全隐患，要挂牌督办、限时整改，对重大典型案例要向社会公开通报。

● 严厉打击非法违法建筑施工活动

各级住房和城乡建设主管部门要会同有关部门，严格依照建筑施工有关法律法规，采取切实有效措施，严厉打击非法违法建筑施工活动。对于未办理施工许可及安全监督手续擅自施工的项目，一律责令停工整改，并向社会公开通报建设单位及施工单位非法违法行为查处情况。造成安全事故的，建设单位要承担首要责任，构成犯罪的，对有关责任人员依法追究刑事责任。

● 强化建筑施工安全信用惩戒

各级住房和城乡建设主管部门要加快建立完善建筑施工安全信用体系，对违法失信责任主体实施信用联合惩戒，充分发挥市场和社会的监督作用。要建立建筑施工安全生产信用档案和信用承诺制度，对于存在安全生产违法行为的失信责任主体，要在依法处罚的同时，将其失信行为记入信用档案，并依法依规向各类信用信息共享平台推送不良信用信息。要将不良信用记录作为安全生产标准化考评、日常监督检查等工作的重要依据，对于存在不良信用记录的企业和个人在申领相关行政许可证时，从严审查把关。

要建立非法违法行为查处通报机制。各级住房和城乡建设主管部门在查处建筑施工安全生产非法违法行为时，处罚权限不在本部门的，要及时向有处罚权的部门通报，并提出处罚建议，切实强化查处工作联动，确保处罚措施落实到位。各省级住房和城乡建设主管部门要将事故通报和处罚文件及时上传至全国房屋市政工程生产安全事故信息报送系统，并按季度向住房和城乡建设部报送事故企业安全生产许可证处罚情况和非法违法行为处罚情况。住房和城乡建设部将每季度予以通报，对于不按规定时限对事故企业安全生产许可证进行处罚的，予以通报批评。

（冷一楠收集　摘自《中国建设报》）

# 住房和城乡建设部关于促进工程监理行业转型升级创新发展的意见

建市[2017]145号

各省、自治区住房城乡建设厅，直辖市建委，新疆生产建设兵团建设局，中央军委后勤保障部军事设施建设局：

建设工程监理制度的建立和实施，推动了工程建设组织实施方式的社会化、专业化，为工程质量安全提供了重要保障，是我国工程建设领域重要改革举措和改革成果。为贯彻落实中央城市工作会议精神和《国务院办公厅关于促进建筑业持续健康发展的意见》（国办发[2017]19号），完善工程监理制度，更好发挥监理作用，促进工程监理行业转型升级、创新发展，现提出如下意见：

## 一、主要目标

工程监理服务多元化水平显著提升，服务模式得到有效创新，逐步形成以市场化为基础、国际化为方向、信息化为支撑的工程监理服务市场体系。行业组织结构更趋优化，形成以主要从事施工现场监理服务的企业为主体，以提供全过程工程咨询服务的综合性企业为骨干，各类工程监理企业分工合理、竞争有序、协调发展的行业布局。监理行业核心竞争力显著增强，培育一批智力密集型、技术复合型、管理集约型的大型工程建设咨询服务企业。

## 二、主要任务

（一）推动监理企业依法履行职责。工程监理企业应当根据建设单位的委托，客观、公正地执行监理任务，依照法律、行政法规及有关技术标准、设计文件和建筑工程承包合同，对承包单位实施监督。建设单位应当严格按照相关法律法规要求，选择合格的监理企业，依照委托合同约定，按时足额支付监理费用，授权并支持监理企业开展监理工作，充分发挥监理的作用。施工单位应当积极配合监理企业的工作，服从监理企业的监督和管理。

（二）引导监理企业服务主体多元化。鼓励支持监理企业为建设单位做好委托服务的同时，进一步拓展服务主体范围，积极为市场各方主体提供专业化服务。适应政府加强工程质量安全管理的工作要求，按照政府购买社会服务的方式，接受政府质量安全监督机构的委托，对工程项目关键环节、关键部位进行工程质量安全检查。适应推行工程质量保险制度要求，接受保险机构的委托，开展施工过程中风险分析评估、质量安全检查等工作。

（三）创新工程监理服务模式。鼓励监理企业在立足施工阶段监理的基础上，向“上下游”拓展服务领域，提供项目咨询、招标代理、造价咨询、项目管理、现场监督等多元化的“菜单式”咨询服务。对于选择具有相应工程监理资质的企业开展全过程工程咨询服务的工程，可不再另行委托监理。适应发挥建筑师主导作用的改革要求，结合有条件的建设项目试行建筑师团队对施工质量进行指导和监督的新型管理模式，试点由建筑师委托工程监理实施驻场质量技术监督。鼓励监理企业积极探索政府和社会资本合作（PPP）等新型融资方式下的咨询服务内容、模式。

（四）提高监理企业核心竞争力。引导监理企业加大科技投入，采用先进检测工具和信息化手段，创新工程监理技术、管理、组织和流程，提升工程监理服务能力和水平。鼓励大型监理企业采取跨行业、跨地域的联合经营、并购重组等方式发展全过程工程咨询，培育一批具有国际水平的全过程工程咨询企业。支持中小监理企业、监理事务所进一步提高技术水平和服务水平，为市场提供特色化、专业化的监理服务。推进建筑信息模型（BIM）在工程监理服务中的应用，不断提高工程监理信息化水平。鼓励工程监理企业抓住“一带一路”的国家战略机遇，主动参与国际市场竞争，提升企业的国际竞争力。

（五）优化工程监理市场环境。加快以简化企业资质类别和等级设置、强化个人执业资格为核心的行政审批制度改革，推动企业资质标准与注册执业人员数量要求适度分离，健全完善注册监理工程师签章制度，强化注册监理工程师执业责任落实，推动建立监理工程师个人执业责任保险制度。加快推进监理行业诚信机制建设，完善企业、人员、项目及诚信行为数据库信息的采集和应用，建立黑名单制度，依法依规公开企业和个人信用记录。

（六）强化对工程监理的监管。工程监理企业发现安全事故隐患严重且施工单位拒不整改或者不停止施工的，应及时向政府主管部门报告。开展监理企业向政府报告质量监理情况的试点，建立健全监理报告制度。建立企业资质和人员资格电子化审查及动态核查制度，加大对重点监控企业现场人员到岗履职情况的监督检查，及时清出存在违法违规行为的企业和从业人员。对违反有关规定、造成质量安全事故的，依法给予负有责任的监理企业停业整顿、降低资质等级、吊销资质证书等行政处罚，给予负有责任的注册监理工程师暂停执业、吊销执业资格证书、一定时间内或终生不予注册等处罚。

（七）充分发挥行业协会作用。监理行业协会要加强自身建设，健全行业自律机制，提升为监理企业和从业人员服务能力，切实维护监理企业和人员的合法权益。鼓励各级监理行业协会围绕监理服务成本、服务质量、市场供求状况等进行深入调查研究，开展工程监理服务收费价格信息的收集和发布，促进公平竞争。监理行业协会应及时向政府主管部门反映企业诉求，反馈政策落实情况，为政府有关部门制订法规政策、行业发展规划及标准提出建议。

## 三、组织实施

（一）加强组织领导。各级住房城乡建设主管部门要充分认识工程监理行业改革发展的重要性，按照改革的总体部署，因地制宜制定本地区改革实施方案，细化政策措施，推进工程监理行业改革不断深化。

（二）积极开展试点。坚持试点先行、样板引路，各地要在调查研究的基础上，结合本地区实际，积极开展培育全过程工程咨询服务、推动监理服务主体多元化等试点工作。要及时跟踪试点进展情况，研究解决试点中发现的问题，总结经验，完善制度，适时加以推广。

（三）营造舆论氛围。全面准确评价工程监理制度，大力宣传工程监理行业改革发展的重要意义，开展行业典型的宣传推广，同时加强舆论监督，加大对违法违规行为的曝光力度，形成有利于工程监理行业改革发展的舆论环境。

中华人民共和国住房和城乡建设部

2017 年 7 月 7 日

# 2016年建设工程监理统计公报

住房和城乡建设部

根据建设工程监理统计制度相关规定，我们对2016年全国具有资质的建设工程监理企业基本数据进行了统计，现公布如下：

## 一、企业的分布情况

2016年全国共有7483个建设工程监理企业参加了统计，与上年相比增长0.67%。其中，综合资质企业149个，增长17.32%；甲级资质企业3379个，增长4%；乙级资质企业2869个，增长0.3%；丙级资质企业1081个，减少9.01%；事务所资质企业5个，减少44.44%。具体分布见表一～表三：

## 二、从业人员情况

2016年年末工程监理企业从业人员1000489人，与上年相比增长5.78%。其中，正式聘用人员715913人，占年末从业人员总数的71.56%；临时聘用人员284576人，占年末从业人员总数的

**全国建设工程监理企业按地区分布情况** 表一

| 地区名称 | 北京 | 天津 | 河北 | 山西 | 内蒙古 | 辽宁 | 吉林 | 黑龙江 |
|---|---|---|---|---|---|---|---|---|
| 企业个数 | 308 | 100 | 306 | 234 | 162 | 306 | 184 | 210 |
| 地区名称 | 上海 | 江苏 | 浙江 | 安徽 | 福建 | 江西 | 山东 | 河南 |
| 企业个数 | 182 | 701 | 437 | 282 | 316 | 153 | 516 | 296 |
| 地区名称 | 湖北 | 湖南 | 广东 | 广西 | 海南 | 重庆 | 四川 | 贵州 |
| 企业个数 | 253 | 235 | 498 | 166 | 49 | 102 | 339 | 111 |
| 地区名称 | 云南 | 西藏 | 陕西 | 甘肃 | 青海 | 宁夏 | 新疆 | |
| 企业个数 | 170 | 23 | 438 | 178 | 63 | 57 | 108 | |

**全国建设工程监理企业按工商登记类型分布情况** 表二

| 工商登记类型 | 国有企业 | 集体企业 | 股份合作 | 有限责任 | 股份有限 | 私营企业 | 其他类型 |
|---|---|---|---|---|---|---|---|
| 企业个数 | 549 | 49 | 35 | 4196 | 578 | 1992 | 84 |

**全国建设工程监理企业按专业工程类别分布情况** 表三

| 资质类别 | 综合资质 | 房屋建筑工程 | 冶炼工程 | 矿山工程 | 化工石油工程 | 水利水电工程 |
|---|---|---|---|---|---|---|
| 企业个数 | 149 | 6109 | 20 | 31 | 148 | 78 |
| 资质类别 | 电力工程 | 农林工程 | 铁路工程 | 公路工程 | 港口与航道工程 | 航天航空工程 |
| 企业个数 | 293 | 20 | 53 | 24 | 9 | 7 |
| 资质类别 | 通信工程 | 市政公用工程 | 机电安装工程 | 事务所资质 | | |
| 企业个数 | 18 | 516 | 3 | 5 | | |

*本统计涉及专业资质工程类别的统计数据，均按主营业务划分。

28.44%；工程监理从业人员为716674人，占年末从业总数的71.63%。

2016年年末工程监理企业专业技术人员849434人，与上年相比增长3.6%。其中，高级职称人员129695人，中级职称人员371948人，初级职称人员214107人，其他人员138890人。专业技术人员占年末从业人员总数的84.9%。

2016年年末工程监理企业注册执业人员为253674人，与上年相比增长13.58%。其中，注册监理工程师为151301人，与上年相比增长1.32%，占总注册人数的59.64%；其他注册执业人员为102373人，占总注册人数的40.36%。

## 三、业务承揽情况

2016年工程监理企业承揽合同额3084.83亿元，与上年相比增长8.36%。其中工程监理合同额1400.22亿元，与上年相比增长11.52%；工程勘察设计、工程项目管理与咨询服务、工程招标代理、工程造价咨询及其他业务合同额1684.62亿元，与上年相比增长5.87%。工程监理合同额占总业务量的45.39%。

## 四、财务收入情况

2016年工程监理企业全年营业收入2695.59亿元，与上年相比增长8.92%。其中工程监理收入1104.72亿元，与上年相比增长10.26%；工程勘察设计、工程项目管理与咨询服务、工程招标代理、工程造价咨询及其他业务收入1590.87亿元，与上年相比增长8%。工程监理收入占总营业收入的40.98%。其中18个企业工程监理收入突破3亿元，44个企业工程监理收入超过2亿元，155个企业工程监理收入超过1亿元，工程监理收入过亿元的企业个数与上年相比增长18.32%。

# 2017年9月开始实施的工程建设标准

| 序号 | 标准编号 | 标准名称 | 发布日期 | 实施日期 |
|---|---|---|---|---|
| 1 | JGJ/T 136-2017 | 贯入法检测砌筑砂浆抗压强度技术规程 | 2017/2/20 | 2017/9/1 |
| 2 | JGJ/T 402-2017 | 现浇X形桩复合地基技术规程 | 2017/2/20 | 2017/9/1 |
| 3 | JGJ/T 415-2017 | 建筑震后应急评估和修复技术规程 | 2017/2/20 | 2017/9/1 |
| 4 | CJJ 267-2017 | 动物园设计规范 | 2017/2/20 | 2017/9/1 |
| 5 | CJJ/T 269-2017 | 城市综合地下管线信息系统技术规范 | 2017/2/20 | 2017/9/1 |
| 6 | JGJ/T 395-2017 | 铸钢结构技术规程 | 2017/2/20 | 2017/9/1 |
| 7 | JGJ/T 401-2017 | 锚杆检测与监测技术规程 | 2017/2/20 | 2017/9/1 |
| 8 | JGJ/T 405-2017 | 预应力混凝土异型预制桩技术规程 | 2017/2/20 | 2017/9/1 |
| 9 | JGJ 387-2017 | 缓粘结预应力混凝土结构技术规程 | 2017/2/20 | 2017/9/1 |
| 10 | JGJ/T 403-2017 | 建筑基桩自平衡静载试验技术规程 | 2017/2/20 | 2017/9/1 |
| 11 | CJ/T 511-2017 | 铸铁检查井盖 | 2017/3/20 | 2017/9/1 |

续表

| 序号 | 标准编号 | 标准名称 | 发布日期 | 实施日期 |
|---|---|---|---|---|
| 12 | CJ/T 510-2017 | 城镇污水处理厂污泥处理稳定标准 | 2017/3/20 | 2017/9/1 |
| 13 | JG/T 517-2017 | 工程用中空玻璃微珠保温隔热材料 | 2017/3/20 | 2017/9/1 |
| 14 | JG/T 512-2017 | 建筑外墙涂料通用技术要求 | 2017/3/20 | 2017/9/1 |
| 15 | JG/T 515-2017 | 酚醛泡沫板薄抹灰外墙外保温系统材料 | 2017/3/20 | 2017/9/1 |
| 16 | JG/T 513-2017 | 钢边框保温隔热轻型板 | 2017/3/20 | 2017/9/1 |
| 17 | JG/T 511-2017 | 建筑用发泡陶瓷保温板 | 2017/3/20 | 2017/9/1 |
| 18 | JGJ/T 394-2017 | 静压桩施工技术规程 | 2017/3/23 | 2017/9/1 |
| 19 | CJJ/T 54-2017 | 污水自然处理工程技术规程 | 2017/3/23 | 2017/9/1 |
| 20 | JGJ/T 143-2017 | 多道瞬态面波勘察技术规程 | 2017/3/23 | 2017/9/1 |
| 21 | JGJ/T 141-2017 | 通风管道技术规程 | 2017/3/23 | 2017/9/1 |
| 22 | CJJ/T 268-2017 | 城镇燃气工程智能化技术规范 | 2017/3/23 | 2017/9/1 |

# 住房城乡建设部关于开展工程质量安全提升行动试点工作的通知

建质[2017]169号

各省、自治区住房城乡建设厅，直辖市建委（规划国土委），新疆生产建设兵团建设局：

为贯彻落实中央城市工作会议和《国务院办公厅关于促进建筑业持续健康发展的意见》（国办发 [2017]19 号）精神，深入推进工程质量安全提升行动，不断提升工程质量安全管理水平，在各地上报试点方案的基础上，经研究，决定在部分地区开展工程质量安全提升行动试点工作（以下简称提升行动试点）。现将有关事项通知如下：

## 一、试点目的

通过开展提升行动试点，进一步完善工程质量安全管理制度，落实建设工程五方主体责任，强化工程质量安全监管。通过试点先行、以点带面，充分运用市场化、信息化、标准化等手段，促进全国工程质量安全总体水平不断提升。

## 二、试点内容及试点地区

（一）监理单位向政府报告质量监理情况试点。

通过监理单位向政府主管部门报告工程质量监理情况，充分发挥监理单位在质量控制中的作用，同时创新质量监管方式，提升政府监管效能。

试点地区：北京、河北、辽宁、上海、浙江、湖南、广东、重庆、四川、贵州、云南、宁夏。

（二）工程质量保险试点。

培育工程质量保险市场，完善工程质量保证机制，逐步建立起符合我国国情的工程质量保险制度，有效落实工程质量责任，防范和化解工程质量风险，切实保证工程质量，保障工程所有权人权益。

试点地区：上海、江苏、浙江、安徽、山东、河南、广东、广西、四川。

（三）建立工程质量评价体系试点。

通过工程建设各方责任主体自评、相关方互评、质量监督机构监督评价及社会评价等，形成对工程项目、企业主体直至区域整体的质量评价，同时可将评价结果与质量诚信体系、考核体系、市场监管体系等挂钩，推动各方增强质量意识，提升工程质量水平。

试点地区：河北、辽宁、江苏、安徽、河南、广东、广西。

（四）建筑施工安全生产监管信息化试点。

加强建筑施工企业、工程项目、“三类人员”、特种作业人员、起重机械、安全监管机构及人员等安全生产信息化建设，切实提高建筑施工安全生产监管水平。

试点地区：上海、江苏、浙江、安徽、山东、河南、广东、广西、贵州、云南、宁夏、新疆。

（五）建筑施工安全生产标准化考评试点。

全面落实建筑施工企业、工程项目安全生产标准化考评工作，切实提高建筑施工企业及工程项目安全生产管理水平。

试点地区：北京、河北、江苏、安徽、福建、湖南、广东、贵州、云南、宁夏。

（六）大型公共建筑工程后评估试点。

落实新时期建筑方针，建立后评估指标体系，完善配套管理制度，提升大型公共建筑设计水平。

试点地区：江苏、福建、广西。

（七）勘察质量管理信息化试点。

通过影像留存、人员设备定位和数据实时上传等信息化监管方式，推动勘查现场、试验室行为和成果的质量管理标准化，切实提升工程勘察质量水平。

试点地区：北京、上海、浙江、山东、广西、云南、新疆。

（八）城市轨道交通工程双重预防机制试点。

构建城市轨道交通工程安全风险分级管控和事故隐患排查治理双重预防机制，完善相关制度体系和技术保障措施，遏制重特大事故和减少一般事故发生。

试点地区：北京、辽宁、浙江、山东、河南、广东、广西、贵州。

## 三、试点要求

（一）强化组织领导。各试点地区要成立领导小组，建立工作机制，细化试点方案，制定工作计划，积极稳妥推进试点工作。我部将加强指导监督协调，及时研究解决试点工作中遇到的困难和问题。

（二）鼓励探索创新。各试点地区要大胆探索、先行先试，找准着力点和突破口，积极创新试点方式，推动工程质量安全整体水平提升。对在试点中出现的新思路、新方法、新举措，应给予鼓励和支持。

（三）加强沟通协调。各试点地区要开展跟踪调研，及时掌握进展情况，不断总结完善试点经验。对于实践中发现的好的做法和经验，以及实施过程中涉及重大政策调整、出现的重大问题等，要及时报我部。

（四）加大宣传引导。各试点地区要坚持正确舆论导向，及时总结并宣传提升行动试点工作举措和成果，强化示范带动，凝聚社会共识，营造全社会关心、支持、参与提升行动试点工作的良好氛围。

中华人民共和国住房和城乡建设部

2017年8月22日

# 工程监理行业转型升级创新发展

近日，住房城乡建设部印发《住房城乡建设部关于促进工程监理行业转型升级创新发展的意见》，提出要逐步形成以市场化为基础、国际化为方向、信息化为支撑的工程监理服务市场体系。行业组织结构更趋优化，形成以主要从事施工现场监理服务的企业为主体，以提供全过程工程咨询服务的综合性企业为骨干，各类工程监理企业分工合理、竞争有序、协调发展的行业布局。监理行业核心竞争力显著增强，培育一批智力密集型、技术复合型、管理集约型的大型工程建设咨询服务企业。

引导监理企业加大科技投入，采用先进检测工具和信息化手段，创新工程监理技术、管理、组织和流程，提升工程监理服务能力和水平。鼓励大型监理企业采取跨行业、跨地域的联合经营、并购重组等方式发展全过程工程咨询，培育一批具有国际水平的全过程工程咨询企业。推进建筑信息模型（BIM）在工程监理服务中的应用，不断提高工程监理信息化水平。

本期编辑刊登了部分企业在提高工程监理信息化水平上做的一些尝试，供广大读者进行参考与学习。

# 广州轨道交通监理公司的信息化之路

广州轨道交通建设监理有限公司

## 第一部分　信息化建设之路

广州轨道交通建设监理有限公司（以下简称“公司”）是广州市地铁集团有限公司下属全资子公司，是一家业务清晰、战略明确、法人治理、结构规范、资产管理合理、技术力量强大、管理科学的新型国有监理企业。目前，公司共有各类专业技术人员800余人，各类注册人员226人，其中国家注册监理工程师116人。

历经近20年的发展，公司至今已成为多领域、多专业的综合型工程建设监理咨询公司。业务地域以广州为依托，先后参与了南京、西安、深圳、佛山、东莞、昆明、青岛、杭州、长沙、宁波、无锡、南宁、苏州、成都、汕头、厦门、常州、兰州、乌鲁木齐、哈密、南昌、哈尔滨等国内22个城市的地铁建设、隧道建设和综合管廊建设。

公司业务贯穿于项目前期、招标、施工、竣工、结算及试运行等全过程，涵盖地铁土建、机电设备安装、强电弱电、装修、铺轨、车辆段、市政、房建工程监理以及设备采购服务、车辆监造、地铁保护、地保监控、视频监控、监理管理、项目管理、招标代理、技术咨询等多专业服务。

公司拥有市政公用工程监理甲级、房屋建筑工程监理甲级（及开展相应类别建设工程的项目管理、技术咨询等业务）、设备监理机构甲级、环境监理甲级、机电安装工程乙级、公路工程监理乙级、铁路工程监理乙级、工程咨询丙级等资质、招标代理等资质。

2013年，公司成功获得全国“高新技术企业”认证，并于2017年3月通过复审。2014年，公司入选中国百强监理企业，并被评为“2013~2014年度中国建设监理行业先进监理企业”。2017年5月，住建部“住房城乡建设部关于全过程工程咨询试点工作的通知（建市【2017】101号）”中公司入选全国16家全过程工程咨询试点企业之一，是广东省唯一入选的监理企业。

公司的信息化建设目标是建设多功能、多模块、多系统整合的，满足企业管理及生产需要的信息化系统。整体的建设策略是整体规划、分期建设、试点实施、统一推广。以大数据为基础的信息化生态体系的各个子系统互联互通、数据交融，达到打开管理模式“黑匣子”，促进信息和过程透明，提高企业内部协同效率的作用；构建信息化生态体系。

公司的信息化建设之路要走过三个阶段，第一阶段是公司的信息化管理之路。通过建设企业生产经营管理一体化平台，提高工作效率，满足公司各个管理模块的沟通和协调。企业生产经营管理一体化平台共包含16个子系统，包括财务管理、人力资源管理、党群管理、协同办公、远程会议系统、视频监控、经营管理、监理管理子系统；以及以专业区分的地铁保护、地铁土建、机电装修、设备安装、铺轨、房建监理管理子系统；与企业生产经营管理一体化平台同时使用的，还有网络培训系统和视频会议系统。

第二阶段是工程监理精细化管理。基于BIM的轨道交通机电系统工程项目集成管理平台的技术研发已经取得阶段性的成果。不仅成功应用于广州地铁四号线南延、九号线、十三号线、十四号线支线知识城线等在建项目，而且成功拓展至厦门地铁一号线。还在 2015 年第四届“龙图杯”全国 BIM 应用大赛中以施工组总分第一名的成绩荣获一等奖。此外，在工程监理精细化管理中，开发了拥有自主专利的公司管理系统手机 app 软件，可以实现掌上办公、工地签到等功能。工地现场视频监控系统则对施工过程安全管控发挥作用。

第三阶段是公司正在建设的信息化阶段。将办公、工程全过程管理信息化 + 技术、经验大数据化。在进一步优化完善办公信息化系统的基础上，通过施工精细化软件的数据沉淀，将施工工法和经验汇集存储。抓住“隧道行业 + 地铁行业”这一主要领域，打造隧道行业技术咨询服务、设备及零件配件供应、技术交流等全面、周到、专业的服务平台，目前公司开发运营的中国隧道网已经上线，中国地铁人才网正在筹备中。

可以看到，公司的信息化布局是多层次的、思路清晰的，囊括了综合业务管理系统、网络培训系统、远程视频会议系统、工地现场视频监控系统、手机 app、BIM 系统、盾构数据分析系统、中国隧道网、中国地铁人才网，等等。而这所有的系统开发和应用，都是公司信息化建设之路上的一环，共同构建了公司的整个信息化体系。我们的建设取得了不小的成效，成功申报了包括 BIM 系统、地铁工程视频监控、现场管理等 24 项计算机软件专利。

## 第二部分　盾构信息化平台应用实例分享

### 一、平台建设背景及原因

盾构工法因其安全、环保、自动化程度高及人性化等优势发展成为地下隧道工程主要的施工工法，目前在地铁隧道的工法选择上基本统一思想“能用盾构法就用盾构法”。另外，盾构工法还可应用于公路、铁路、电力、水务等其他地下隧道工程建设中，尤其是国家目前正在推广的综合管廊隧道建设，可以说盾构产业平台巨大，前景广阔。

目前，全国城市地铁隧道已超过 1500 台次盾构在地下掘进，而粗略分析我国除了沿海的上海、天津和内陆的西安、郑州等城市是较为均一的软土地层，重庆等城市是均一的岩石地层之外，其他绝大部分城市的地铁都是在复合地层中修建。统计复合地层盾构已超过 800 台，而随着线网扩展和埋深加大，均一软土地层的城市也将遇到复合地层隧道施工，复合盾构数量将进一步增多。而随着盾构工程数量的增多，风险事故总量也在不断增加，严重的盾构风险事故甚至会造成“地动山摇，机（盾构机）毁人亡”的后果，因此针对复合地层盾构设备及盾构施工风险管控，建立一个设备管理标准化、施工监控信息化、风险预警智能化的盾构施工综合管控平台是非常有意义的。

广州是最早引入盾构来施工地铁隧道的城市，广州地铁结合盾构在复合地层中的施工经验，提出了“地质是基础、盾构机是关键、人是根本”的盾构工程技术决策理念，正是认识到盾构机的“关键”地位，要求所有进入广州地铁隧道的盾构机维修改造方案及对地层的适应性必须通过专家评审。而盾研所在这几年组织的盾构机维修改造方案及适应性分析专家评审过程中，发现对盾构机设备的管理存在很多问题，其中盾构机历史信息无法提供或者提供的信息有误是最普遍也是最严重的问题；包括盾构历史掘进参数、历史掘进标段信息等。通常盾构机历史无法提供或者提供的信息有误的原因有三点：

1. 盾构机经过第一区间后，不再花钱让厂家保持数据存储功能，因此无法提供历史信息，此类盾构机在掘进过程中也只有实时数据，无法对掘进参数进行存储。

2. 盾构机无数据存储功能后，需要依靠人工记录相应的掘进信息，但人工记录的数据基本每天一次，信息量太小。

3. 通常业内对盾构机的掘进里程有 10 公里的限值要求，施工单位在盾构机维修改造及适用性评审的方案中提供的历史掘进里程有缩减（这在盾研所初审资料的过程中是比较普遍的问题)。

而盾构机历史数据有问题或盾构设备无法存储数据带来的问题主要有以下几点:

1)盾构机历史数据有问题的情况

(1)盾构设备理应是“量体裁衣”的,但考虑到盾构设备成本高,在国内盾构机通常通过改造维修投入到新的工程中,若设备的历史掘进标段信息不明,专家对盾构机进入新工程的适应性分析缺少可参考的依据。

(2)前面提到盾构设备的掘进里程是有限值的,掘进到一定的公里数,机械本身的损伤等问题也会慢慢暴露出来,若施工方提供的这些历史数据有问题,会影响对机械性能的判断。

2)盾构设备无存储功能的情况

(1)若盾构机本身就没有数据存储功能,在掘进过程中若出现地面塌陷、盾构偏移大等问题时,业主无法查阅历史数据,分析造成后果的相应原因及责任方。

(2)研究分析盾构施工都绕不开掘进参数,若设备没有参数存储功能,便无法为相关的科研提供大量的施工数据。

另外需要强调的一点是:业主一切关于设备及施工参数的信息来源都是施工方,本身就处于非常被动的位置。例如盾构施工过程中姿态是非常关键的参数,在实际施工过程中盾构姿态出现偏差是非常普遍的问题,而姿态的偏差影响管片的拼装质量,往往造成管片错台、破损等问题,进而造成后期运营过程隧道渗水、开裂等问题;因此业主方应该重视相关数据,但通常业主得到的盾构姿态参数由施工方提供,若施工方刻意隐瞒,业主方很有可能被蒙在鼓里,而因施工方隐瞒导致隧道偏移量超限甚至调线的事故已不止一两起了。

## 二、建设技术支持

1. 平台建立所需条件

1)项目区间资料

(1)项目区间概况,包括工程简介、盾构信息、主要风险源、各参建单位信息等。

(2)盾构机历史资料,包括出厂时间,过往工程里程、地质,大修历史等。

(3)项目区间线路的经纬坐标,用于在地图中标示区间位置。

(4)带管片划分图的CAD平面图和CAD纵剖面图,这两套图纸来源为设计单位的最终设计定稿版图纸,并需统一坐标系。

(5)项目区间地质钻孔资料。

(6)沉降及其他地面监测布点CAD平面图,沉降点需标注名称及其里程、坐标、初始高程等信息。

(7)经现场监理、业主复核的隧道设计轴线DTA数据。

2)盾构机设备资料

(1)盾构机的PLC控制系统或工控机OPC服务器应配置以太网接口。

(2)PLC控制程序地址点表或盾构机工控机OPC服务器的地址点表。

(3)协调导向系统通信接口。

(4)设备操作各界面图或盾构机操作说明书。

(5)同步注浆系统配置流量传感器,用于记录注浆量。

(6)盾构机配置有相关传感器,可记录泡沫量、同步注浆量、膨润土量、盾尾油脂量、主驱动油脂量。

(7)泥水盾构环流系统配置阀门位置传感器,可反馈阀门开关状态。

(8)泥水盾构环流系统进排浆管路,配置密度计。

3)监控机房

(1)业主中央控制室。

(2)数据服务器和WEB服务器,用于存储全网盾构数据和WEB端数据发布。

(3)服务器配置:2.4GHz或以上的处理器;16GB或以上内存;1T或以上硬盘(可扩展);具有WDDM驱动程序的DirectX® 9图形处理器;Internet访问功能。

(4)用于显示全网盾构机信息的大屏幕。

（5）多台独立监视电脑，用于监视指定的多台或全网盾构机信息。

（6）监视电脑配置：2GHz 或以上的处理器；2GB 或以上内存；256G 或以上硬盘；分辨率 1080×1024 或以上屏幕；具有 WDDM 驱动程序的 DirectX® 9 图形处理器；Internet 访问功能。

（7）施工单位地面监控室。

（8）独立的监视电脑，设置于工地地面监控室，并接入网络。

4）网络连接

（1）业主中央控制室。

（2）稳定的、带宽 100M 或以上的上下行速度的光纤专网。

（3）（备选）专用 VPN 设备，75M 带宽或以上，3000 或以上并发。

5）施工单位地面监控室

（1）稳定的隧道至地面的光纤传输：盾构机 PLC 或者工控机的以太网口→交换机→光电转换器→隧道光纤至地面监控室→光电转换器→交换机→地面监视电脑网卡以太网口。

（2）地面监视电脑接入带宽 10M 上行速度光纤网络。

6）日常数据

（1）沉降点及地面监测点数据每日录入。

（2）管片姿态数据每日录入。

（3）盾尾间隙数据每日录入。

2. 研发费用

复合地层盾构施工远程监控预警与大数据分析平台的研发投入主要分为三部分：

1）系统平台研发的投入：预算 270 万。针对系统平台建设，监理公司已投入了约 300 万元，主要合作单位有中国矿业大学（北京）、深圳市镇泰自动化技术有限公司。目前系统平台的建设已基本完成，但后续随着接入盾构机台数的增多，系统平台的硬件配套设备将继续投入。

2）监测数据中原位监测试验的投入：每个断面预算为 31.5 万。目前监理公司已在广州地铁四号线南延大盾构、广州供电局环西电力隧道、犀牛电力隧道等项目进行了大量的现场深层地层位移的实测，已投入约 130 万，主要合作单位为华南理工大学。

希望将来在广州的各类地层中均进行类似监测，完善大数据库建设，后续在原位监测试验方面会继续投入经费。

3）大数据分析投入：预算为 359 万。目前监理公司已投入约 100 万，主要合作单位为暨南大学、中山大学。

## 三、公司具备的优势

1. 监理公司整合盾构技术研究所的技术力量，具备了业内最有经验的复合地层盾构施工与科研人才。为做好该系统的研发和后续咨询工作，我们还引进了海瑞克盾构机厂家和一些施工单位的资深盾构施工管理人才。

2. 监理公司在 22 个城市开展轨道交通咨询和监理服务工作，并参与了国内大多数城市的交通、水利、电力、石化等项目的盾构施工专家咨询，能够第一时间掌握国内盾构施工前沿信息和现场施工数据，由监理公司打造这个平台，最易于推广和沉淀数据。

3. 监理公司研发的监控预警系统，覆盖复合地层，与现场施工密切结合，并具备分析大数据的系统，系统功能优势如下：

1）数据采集

（1）本系统数据采集软件采用的是世界领先的、市场占有率世界第一的美国通用电气公司（GE）的，客户机/服务器结构的多用户实时 SCADA 软件 iFix。该软件支持多种 PLC、DCS 及其他控制设备，集 HMI、SCADA 三大功能于一身。iFix 软件提供了实时过程的监视和监督控制、报警和报警管理、历史趋势、统计过程控制、基于用户的安全系统、方便的系统扩展，以及网络等。经本系统评估测试，该采集软件：Fix 数据采集频率极快（1s/次），与不同的盾构机 PLC 品牌兼容性强，数据传输稳定，可靠性高。

（2）本系统数据存储数据库软件是美国通用电气公司的 iHistorian 历史数据库软件，其优势是自带时间标签、存储时效快。毫秒级的数据采集，每秒 150000 个事件的储存；存储数量大，一台服务器可采集 200 万个数据点（目前，一台盾构机所需的数据点为 300 个）；极佳的数据压缩效率，每秒 150000 个事件的储存，每秒 200000 个事件的查询取回速率。

2）大数据分析

（1）数据采集基数大，遇到复合地层情况多。

（2）依托盾构机研究所 20 多年广州复合地层施工管理经验及盾构专家力量资源、与各盾构设备制造商的密切联系，形成高水平的知识专家库，专门指导、校核、修正大数据分析并预警。

（3）会同暨南大学、中山大学共同研究大数据的关联性分析、数据架构设计、模型建立等。

（4）与国际知名企业合作，采用模块化的数据建模工具，系统化大数据分析手段。完整的大数据分析项目实施涉及 ETL、数据建模、自助分析、数据可视化，这些功能应该通过一套工具解决。

4. 仅有监控平台，没有专业的盾构工程师对现场实际施工情况的数据分析，同样很难起到平台的应用目的，而监理公司恰恰具备该方面的人员储备和培养机制，能够最快速地将该平台在广州乃至国内大多数城市普及、发展应用并得出科研成果。

## 四、功能概述

针对上述盾构设备及施工信息化管理问题，凭借研发投入与公司的优势，该系统历时四年，借鉴了国内多家类似盾构机监控系统的开发成果，研发出了复合地层盾构施工远程监控预警与大数据分析平台，平台具备以下功能：

1. 数据保存功能

1）工程资料保存

工程概况（见图 1）：区间地图位置、项目概况、盾构设备状态、盾构机历史信息、盾构位置在平剖面图上的显示等。

2）施工参数采集和保存功能

盾构接入该系统后，所有的施工参数被采集并保存在后台服务器中，随时可在平台上查看历

图1　工程基础资料

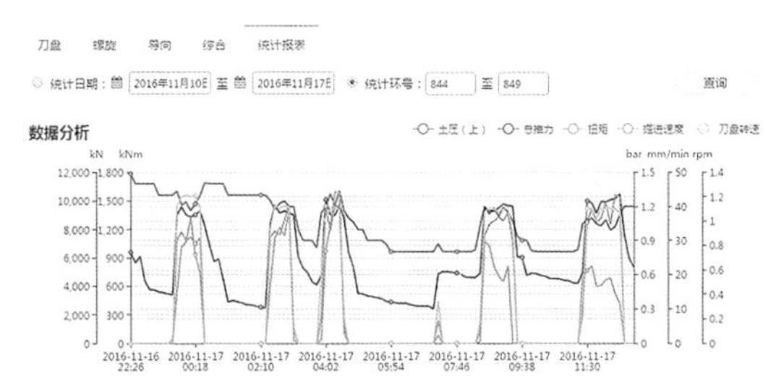


图2　多个参数历史数据查询

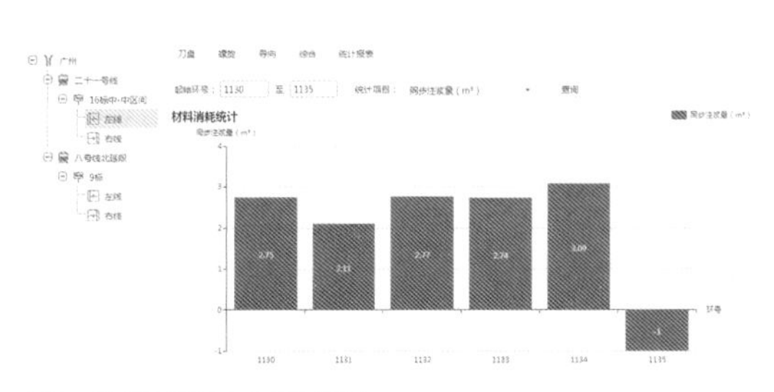


图3　某几环的同步注浆量统计

史施工参数（见图 2、图 3），例如某几环的土压、推力、扭矩等参数控制，某几环的注浆量、油脂量等材料消耗等，并形成报表输出。

2. 实时监控功能

盾构设备接入该系统后，人员不管在何处，只要具备网络条件，都可以通过该平台监控盾构此时此刻的掘进情况（见图 4）。

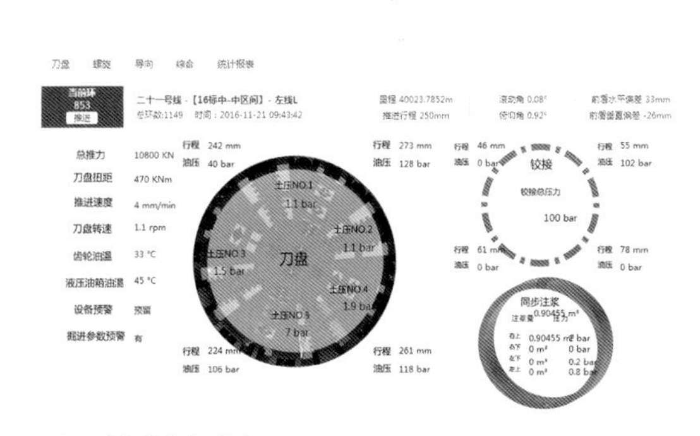


图4　盾构参数实时显示

二十一号线
16标中-中区间
左线
右线
八号线北延段
9标
左线
右线

| 预警时间 | 参数名称 | 参数值 | 红色预警上限 | 橙色预警上限 | 橙色预警下限 | 红色预警下限 | 环号 |
| --- | --- | --- | --- | --- | --- | --- | --- |
| 2017-04-02 00:00:00 | 总推力 | 6300 | 23000 | 21000 | 10000 | 8000 | 1135 |
| 2017-04-02 00:00:03 | 总推力 | 6300 | 23000 | 21000 | 10000 | 8000 | 1135 |
| 2017-04-02 00:10:00 | 总推力 | 6300 | 23000 | 21000 | 10000 | 8000 | 1135 |
| 2017-04-02 00:10:01 | 总推力 | 6300 | 23000 | 21000 | 10000 | 8000 | 1135 |
| 2017-04-02 00:20:00 | 总推力 | 6300 | 23000 | 21000 | 10000 | 8000 | 1135 |
| 2017-04-02 00:20:01 | 总推力 | 6300 | 23000 | 21000 | 10000 | 8000 | 1135 |
| 2017-04-02 00:30:00 | 总推力 | 6300 | 23000 | 21000 | 10000 | 8000 | 1135 |
| 2017-04-02 00:30:01 | 总推力 | 6300 | 23000 | 21000 | 10000 | 8000 | 1135 |
| 2017-04-02 00:40:00 | 总推力 | 6300 | 23000 | 21000 | 10000 | 8000 | 1135 |
| 2017-04-02 00:40:03 | 总推力 | 6300 | 23000 | 21000 | 10000 | 8000 | 1135 |

图5　推力预警值设置

3. 风险管控功能

通过组段划分，对工程进行风险评估，设置合理的掘进参数（见图5），若出现参数超限情况，平台将自动预警。

4. 监测数据管理功能

目前，平台已实现监测数据上传、查询、分析、下载等功能，能够在工程进度平面图上（矢量图格式）上传测点和监测数据，且具有测点监测数据查询、分析和下载功能，测点状态能够自动预警。

5. 大数据分析

针对大数据分析，目前已完成总体架构的搭设（如图6），并完成了土仓压力、刀盘扭矩、转速、掘进速度、总推力及贯入度等几个参数与地层变形的相关性分析。

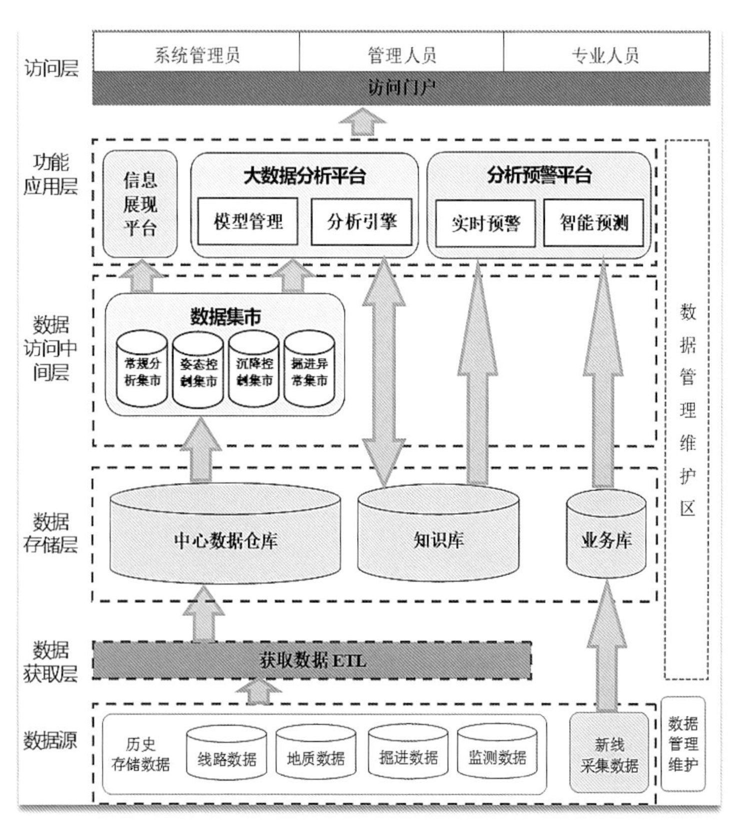


图6　盾构施工智能分析系统STIA总体架构

## 五、平台应用与推广

1. 建立广州地铁盾构施工远程监控预警与大数据分析平台。目前，该系统平台已在广州地铁二十一号线及八号线北延段的两个广州盾构项目上线应用，下阶段争取接入广州所有盾构项目，建立一个完善的广州地铁盾构施工远程监控预警与大数据分析平台。目前系统平台应用已经拓展到哈尔滨地铁，逐步实现施工管理、风险管控规范化、标准化、信息化、精细化。

2. 向广州以外的轨道交通市场推广，包括深圳、佛山、东莞、南宁、福州、南京等城市，建立一个更全面的地铁盾构施工远程监控预警与大数据分析平台。

3. 目前，盾构在电力、公路、综合管廊等其他工程领域的隧道中同样前景广阔，下一步计划将该系统推广至更多的工程领域中应用。

# 第三部分　监理信息化建设拓展思路

一、增加科研投入，继续研究开发盾构掘进数据大数据智能分析模块，实现盾构一体化平台进一步完善和推广。

二、拓展开发BIM系统，研究开发运营管理模块，创建工程全生命周期管理平台。

三、持续进行办公信息系统优化，简化操作，覆盖各业务专业，提升应用价值。

四、全面推进中国隧道网及人才网的建设及经营拓展，提高企业知名度和行业影响力。

# 初探数字扫描建模逆向工程技术在施工监理中的应用

河南建基工程管理有限公司　黄春晓

**摘　要：**利用数字扫描建模逆向工程技术，可以对一些具有复杂曲面、异型结构、超大建筑的土方测量、结构工程尺寸、轴线位移、平整度、垂直度等进行精准检测。本文简要介绍了数字扫描建模逆向工程技术在南阳市“三馆一院”项目监理过程中的应用。可以设想未来：数字扫描建模逆向工程技术必将成为监理咨询服务BIM技术利用的发展方向。

## 一、什么是逆向工程

（一）逆向工程的定义

逆向工程（Reverse Engineering，RE），也称反求工程、反向工程。是反向的产品设计思想，它以已有建筑（构）物为研究对象，将已存在的工程实物转化为工程实体模型，在此基础上对已存在的产品进行分析、深化和再创造，是在已有设计基础上的再设计。逆向工程是集测量技术、计算机软硬件技术、现代产品设计与施工技术于一体的综合应用技术，是下游向上游反馈信息的回路。

（二）逆向工程与正向工程的区别

正向工程（Forward Engineering，FE）泛指按常规的从概念（草图）设计到施工图设计再到现场施工的过程。正向工程与逆向工程的本质区别在于建模是从哪里开始。

逆向工程是从现有的建筑产品或实物出发，通过各种测绘技术和几何造型技术将其转化成CAD图样或3D模型，是对已有建（构）筑物的再设计、再创造的过程。它改变了传统的从图纸到实物的设计模式，为后续深化、开发及原形化设计提供了一条新的途径。

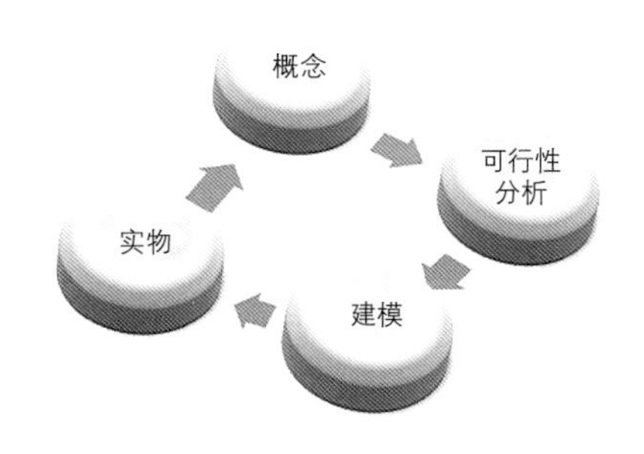


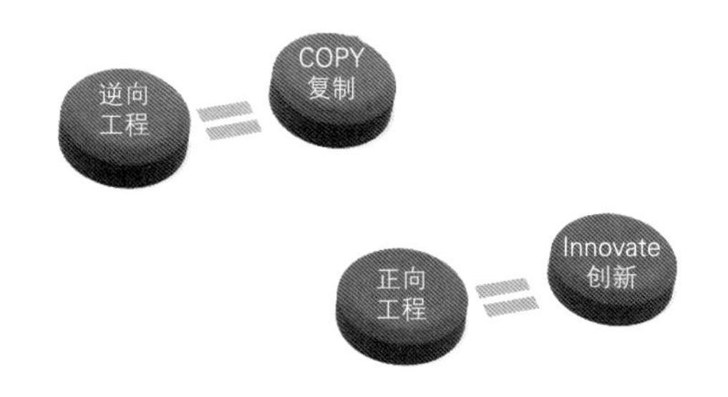

## 二、三维激光扫描技术的特点

三维激光扫描的发展和在建筑业的应用，为建设人员获取丰富的局部地面空间信息提供了一种全新的技术手段。三维激光扫描是一种非接触式主动测量系统，可进行大面积高密度空间三维数据的采集，具有点位测量精度高、采集空间点密度大、速度快等特点，且融合了激光反射强度和物体色彩等信息。三维激光扫描是继 GPS 空间定位技术后的又一项测绘技术革新，使扫描数据的研究和应用进入了新的发展阶段。投入建筑工程中的三维激光扫描设备由地面三维激光扫描和工程无人机倾斜摄影扫描完成。

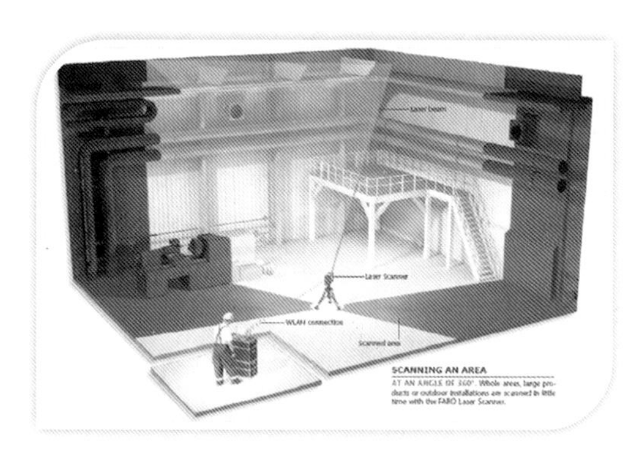


（来源于网络）

三维激光扫描可在几分钟内，将视野内的任意建筑（构）物，通过相移技术从扫描设备向外投射恒定的红外光波，光从物体表面反射回扫描设备，记录每个点的 X、Y、Z 坐标；地面扫描设备覆盖 360° ×300° 视野并以三维点云的形式表示。

每个点都有精确的坐标，因此点距测量可达到毫米精度。借助三维激光扫描可以安全、准确、快速地捕获完整表面机体形状。

点云可用适当的软件以三维形式查看、平移、缩放和旋转，即时获取点与点之间的距离。借助一些后期处理软件，可将原始数据转换为精确的二维或三维图纸，并用于三维可视化和二维、三维设计，甚至可进一步渲染为完整的三维实体模型。

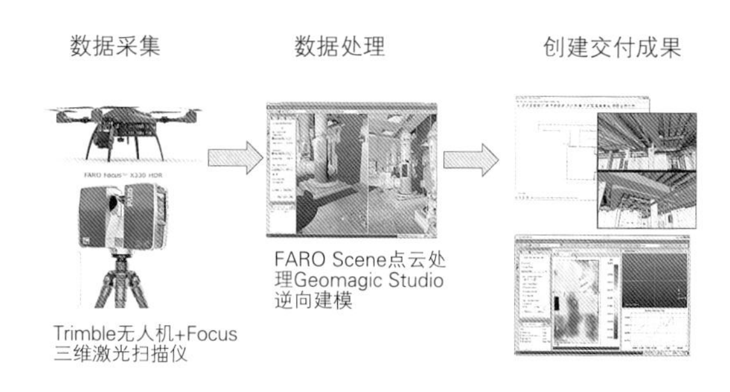


## 三、三维激光扫描作业流程

三维激光扫描的作业流程主要分为测量方案设计、外业数据采集、内业数据处理及三维数据应用等四个主要环节。

（一）测量方案设计

主要根据监理测量的目的、测量对象、现场作业环境、施工质量验收规范等设计测量方案。

监理测量成果质量的关键控制点：点云数据的噪声级别、完整性、精度、密度及颜色。

对超大体量、大型且复杂的结构工程，监理测量方案设计中的技术路线图如下图所示。

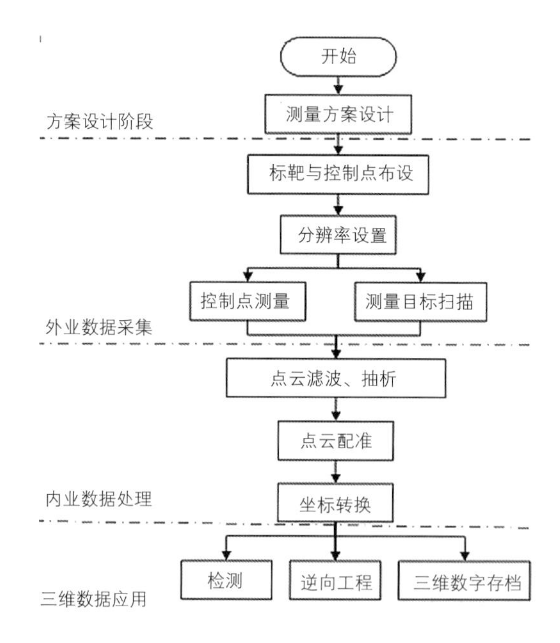


（二）外业数据采集

外业数据采集包括控制点布设、扫描分辨率的设置、控制点测量和测量目标扫描四个部分的工作。

（三）内业数据处理

扫描得到的点云数据是一个三维的点集，有用的数据和无用的噪声数据混合在一起，必须经过处理才能生成测量对象的点云模型。这一过程包括数据的滤波、抽析和点云的配准。在特殊的测量项目中还需要进行坐标转换工作。

（四）三维数据应用

经过处理后的三维彩色点云模型，可以用于解决三维测量、三维数字化存档、检测和逆向工程等前沿性的技术问题。

## 四、地面三维激光扫描技术在监理检测中的应用

（一）工程概况

南阳市“三馆一院”项目位于河南省南阳市光武大桥以东，光武路南北两侧区域。建设工程由南阳市博物馆、南阳市图书馆、南阳大剧院、南阳市群众艺术馆组成，总占地面积 20hm$^2$，项目总建筑面积约 14.5 万 m$^2$。

该项目采用三维激光扫描技术，使用法如 Focus3D X330 HDR 三维激光扫描仪对建筑实体目标进行地面数字扫描，利用 FARO Scene 6.2 软件进行数据处理，生成高精度、高密度的三维彩色点云模型，在 Geomagic Qualify 环境下，对基坑土方工程进行了工程量计量分析；在 Geomagic Control 环境下，生成了主体结构、钢结构、设备安装等工程点云工程数据，通过逆向工程在 Revit 中使用 PointSense for Revit 建立的逆向 BIM 数字模型与虚拟设计 BIM 模型进行了三维数字偏差、三维进度偏差对比分析；利用数字扫描建模逆向工程对该项目的隐蔽工程和竣工资料进行了三维数字化存档等监理工作。

（二）相关软件及功能介绍

| 序号 | 名称 | 用途 |
| --- | --- | --- |
| 1 | FARO Scene 6.2 | 点云模型创建 |
| 2 | Geomagic Studio | 逆向建模（超精细模型构建） |
| 3 | Geomagic Qualify | 对比检测软件（体积计算） |
| 4 | Geomagic Control | 对比检测软件（距离、面积、体积计算） |
| 5 | PointSense | 点云模型处理 |

（三）工作原理

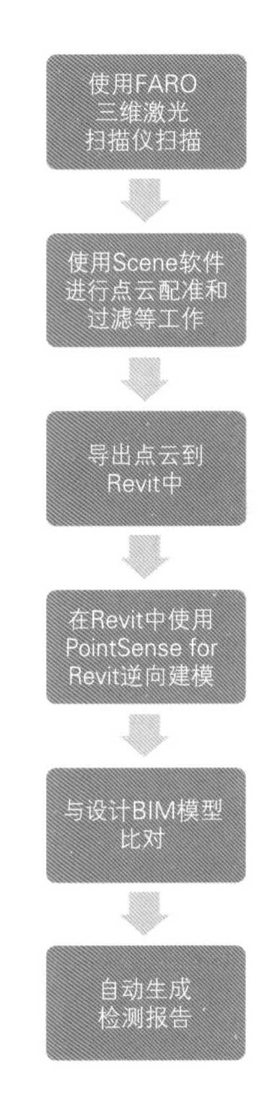


群艺馆和大剧院两个主体施工现场全息影像截图（选择工地现场水平 270° 范围的扫描数据按“高斯投影”的方式铺开的二维立面图）。包含了三维坐标信息、颜色信息、反射率信息和法向量。

（四）钢筋加工、安装验收

监理借助 Focus3D 三维激光扫描仪生成的三维点云模型检查钢筋规格、数量、间距、尺寸是否符合要求。

检查钢筋保护层厚度、垫块间距、钢筋骨架的轴线位移是否符合要求。

检查搭接长度、抗震构造要求的配筋、锚固长度，弯钩形式、接头位置、接头区域、接头形式、各种接头面积百分率是否满足设计要求或规范要求，并出具验收报告。

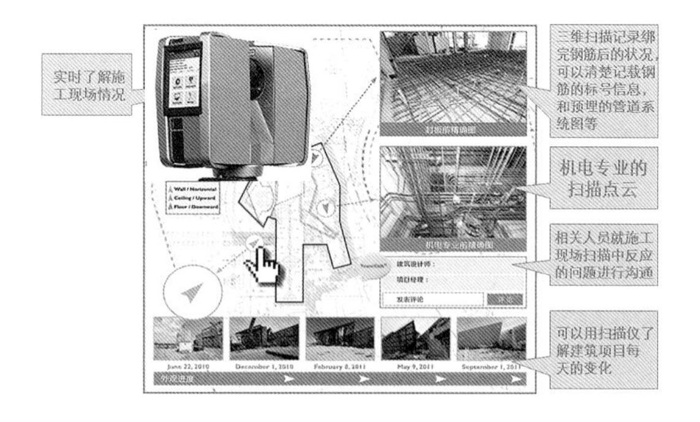


（五）基坑土方计量

该项目使用逆向工程技术对基坑土方的填挖量进行了计算，为了得到准确土方量数据，监理工程师使用 Foucs3D 三维激光扫描仪对基坑进行三维扫描，通过多站拼接（误差 2mm），完成整个基坑扫描，最后通过 Geomagic 软件进行逆向建模，封装、自动计算出填挖方体积，生成包含坐标、体积、区域的监理平行检验报告，所得土方量非常精确（可达到 $0.01m^3$）。

激光扫描、建模、逆向工程技术在土方算量应用中技术实施步骤：

1. 布设测站。

2. 设置扫描参数：在保证扫描标靶能被扫描仪正确识别的前提下，采用 1/4 分辨率扫描，大大提高了土方测绘的作业效率。

3. 测站拼接：本次土方测绘面积较大，需要进行多站扫描并将各站扫描数据拼接（覆盖重叠 ≥ 30%）。

4. 点云数据处理：点云拼接、土方边界确定、去噪、构建曲面、确定高程基准面。

5. 土方量计算：使用“计算体积到平面”功能分别将测区封装完毕的曲面模型和基准平面相减，即得到对应的“上面体积”（挖方量）、“下面体积”（填方量）以及“总计”（总方量）。

6. 土方投资控制：按照承包商投标报价中的土方工程单方单价，在 BIM 4D 模型下，实现了 BIM 5D 模型下的对承包方投资的控制。

（六）逆向 BIM 模型与设计 BIM 模型对比

目前，行业中经常提及的模型对比，都是设计 BIM 模型与深化模型的对比，是虚拟与虚拟的对比，逆向工程跳出虚拟世界，利用三维激光扫描技术，对施工现场的室内结构、综合管线、设备等进行取点捕捉，通过点云处理、三维重构创建逆向模型，三维点云模型、逆向 BIM 模型与设计 BIM 模型进行分析比对，实现虚拟与现实的碰撞，发现施工现场与设计的偏差，实现施工现场实体 BIM 4D 模型与虚拟施工 BIM 模型的时间进度对比和预控。

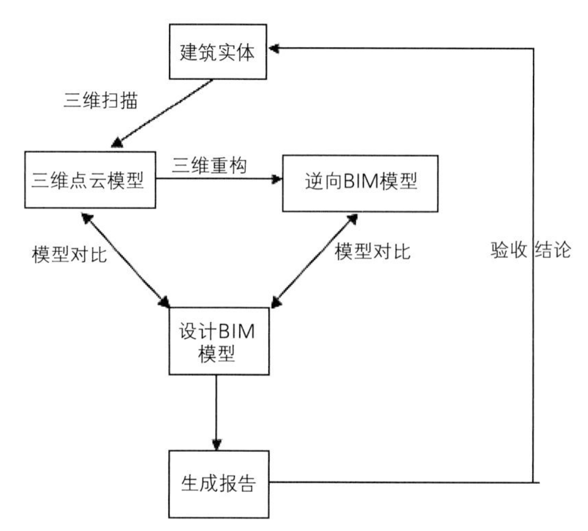


建筑实体、设计BIM模型、三维点云模型、逆向BIM模型关联示意图

1. 管道和设备安装工程模型对比

借助 Focus3D 三维激光扫描仪对机电管线进行扫描，通过 PointSense 软件创立逆向 BIM 模型；蓝色为设计 BIM 模型、灰色为三维点云模型，发现多处管线施工时发生偏移，对后续施工造成极大影响，监理工程师通过模型对比发现该问题后，及时通知施工单位整改。

2. 主体结构工程模型对比

借助 Focus3D 三维激光扫描仪对室内房间进

行扫描，扫描完成后可直接进行简单的结构尺寸、表面平整度、垂直度、顶板水平度极差、阴阳角方正、室内净高偏差、房间开间／进深偏差检测等工作。通过技术人员在现场进行扫描，然后把点云数据提交到在监理办公室的专业监理工程师处，进行数据检测分析，形成实测实量分析结果。

对群众艺术馆一层混凝土柱子截面尺寸进行批量测量，通过 Geomagic Control 软件做三维点云模型与设计 BIM 模型对比，自动生成检测报告，并自动分析出不合格点位置及偏差。

对群众艺术馆一层混凝土柱子表面平整度进行批量测量，通过 Geomagic Control 软件做三维点云模型与设计 BIM 模型对比，通过 PointSense for Revit 逆向建模软件创立逆向 BIM 模型与设计 BIM 模型对比，自动生成检测报告，并自动分析出不合格点位置及偏差。

3. 钢结构模型对比

借助 Focus3D 三维激光扫描仪对钢结构安装进行扫描，扫描完成后可直接进行节点中心偏移、杆件轴线的弯曲矢高、锥体形小拼单元、中拼单元长度、支座中心偏移等偏差检测工作，通过技术人员在现场进行扫描，依据三维点云数据逆向建模、逆向 BIM 模型与设计 BIM 模型对比并进行检测数据分析，形成实测实量结果。

（七）逆向工程可提供准确的竣工模型

逆向扫描的数据可作为竣工或施工过程中检测的依据，一次扫描的数据可永久使用，施工完成后，监理项目部对现场进行全面整体的扫描，因其数据完全符合实际，可作为竣工验收的依据，永久保存，并为后期次结构 BIM 设计、装饰装修 BIM 设计、运维阶段管理提供有力保证。如主体工程完工后，通过数字扫描、建模软件进行逆向建模，所得到的模型与现场实际情况相符，为精装修工程提供准确的测量数据。

## 五、结束语

随着建设单位对监理工作要求的日益剧增，监理企业创新驱动、转型升级、积极参与市场竞争提高监理企业的生存能力和核心竞争力，迫在眉睫。数字扫描建模逆向工程技术为咨询服务企业利用 BIM 技术，全面提升监理企业管理水平、提高项目管理效率提供了一个良好技术思路。

借助数字扫描建模逆向工程技术在南阳市“三馆一院”项目施工监理中的运用，我们得到一些启迪。探索该项技术在监理和项目管理领域中的深层次运用，“路漫漫其修远兮，吾将上下而求索。”

可以设想未来，数字扫描建模逆向工程技术必将成为监理咨询服务 BIM 技术利用的发展方向。

# 运用网络信息技术提升监理服务质量

太原理工大成工程有限公司　席丽雯　庞志平

**摘　要：**随着互联网技术的逐步发展，网络信息化管理已经成为社会发展必然趋势，工程监理单位利用移动网络管理平台有效管理，将项目《监理日志》作为监理工作最直接的“产品”，以日志记录内容作为信息源头，采用阿里巴巴技术有限公司开发的钉钉OA系统实施项目管理，使合同履约范围内的监理项目处于受控状态，对保证监理服务质量有积极的意义。

**关键词：**网络信息化管理　工程监理单位　项目《监理日志》　钉钉OA系统

## 引言

随着互联网技术的逐步发展，网络信息化管理已经成为社会发展必然趋势，工程监理单位利用移动网络管理平台进行有效管理，保证服务质量逐渐成为监理企业项目管理的重要手段。太原理工大成工程有限公司将项目《监理日志》作为监理工作最直接的“产品”，以日志记录内容作为信息源头，采用阿里巴巴技术有限公司开发的钉钉 OA 系统实施项目管理，使公司所辖的合同履约范围内的监理项目处于受控状态，为进一步提升监理服务质量奠定了基础。

## 一、实施《监理日志》信息化管理是项目监管的核心

（一）《监理日志》是监理服务最直接的“产品”

建设工程监理是工程监理单位受建设单位委托，根据法律法规、工程建设标准、勘察设计文件及合同，在施工阶段对建设工程质量、进度、造价进行控制，对合同、信息进行管理，对工程建设相关方的关系进行协调，并履行建设工程安全生产管理法定职责的服务活动。保证服务质量是监理单位合同履约最根本的义务，而监理资料则是监理服务最直接的体现，因此可以说监理资料是监理服务的“产品”。作为工程监理重要文件资料的《监理日志》，是项目监理机构每日对建设工程监理工作及施工进展情况所做的记录，是监理活动最真实最原始的资料，其内容涵盖所监理工作的“三控两管一协调一履责”，是监理服务的集中体现。从这个意义上说，《监理日志》是项目监理机构进行监理工作最直接的“产品”。

（二）情报管理是《监理日志》监管的有效手段

《监理日志》是监理工作的具体反映，对日志记录的检查监督是监理工作监管的核心。一直以来

公司都是以日常检查或季度抽查的方式对日志进行监管，但这种方式的缺点是时效性较差，不能在过程中及时发现问题并整改解决，无法实现对项目监理部实时监管。如何解决这一问题？根据公司多年来的项目管理经验分析，认为必须对《监理日志》进行逐日审查。情报管理是信息化管理的具体实施方式，就是每日对项目日志记录进行审核评价，发现问题及时反馈并督促整改，同时监督项目总监执业行为履职情况，使监理项目处于受控状态，实现对监理项目有效监管，进一步提升监理服务质量 。因此，我们把情报管理作为《监理日志》监管的有效手段。

（三）利用钉钉 OA 系统可以有效实施《监理日志》信息化管理

如何实施信息化管理，做到对每日项目日志的及时审查、及时反馈，现代网络技术的发展为实施信息化管理提供了可能。公司经营部门经过细心考察、耐心测试，并经过公司多次会议对其可行性进行分析研究，最后确定采用阿里巴巴技术有限公司开发的钉钉 OA 系统。钉钉是阿里巴巴旗下的专为中小企业打造的办公协同的工作平台，可以随时随地智能移动办公。作为监理企业，由于监管项目地域分散，遍布全国，如何将不同地域项目日志集中监管，实现监理服务质量的过程控制，钉钉软件可以解决我们的困惑。通过钉钉软件日志入口或消息界面可以接收项目上传日志图片；利用钉钉软件的企业群和通讯录可以快速联系项目总监或日志记录人，并通过发消息、打电话、钉功能实现与项目总监及记录人的即时沟通反馈；通过钉钉的商务电话和钉功能可以快速组织电话会议；而且利用钉功能实现最高效的消息传达方式，无论对方是否安装钉钉，都能即刻作出回应；钉钉软件的钉盘可以分类储存大量文件资料及图片，而且数据可以加密储存，确保安全。钉钉系统可以帮助我们高效实施《监理日志》情报管理的上传、审核、反馈、整改工作，从而实现对项目日志的有效监管，保证监理服务质量。

## 二、实施信息化管理制定标准是前提，全员培训达标是基础

（一）制定标准

多年来公司所有监理项目虽然一直没有间断《监理日志》的记录工作，而且还制定了《日志日记管理办法》。办法中针对日志的培训、记录、送审和考核均作了明确规定，但相应的制度和标准却没有制定，由于没有统一的记录和评价标准，日志记录的规范性、完整性、可追溯性无法保障，日志记录质量一直无法同步提升。针对公司日志记录现状，2016 年第二季度，公司制订了《监理日志情报管理实施方案》及日志记录、考核、评价等一系列相关标准，经过多次开会讨论最终达成共识。

（二）全员培训

2016 年 8 月，由人力资源部组织、公司副总工程师主讲，在全公司范围内进行了共计五期《监理日志》情报管理培训。培训内容主要为国家及公司有关日志日记管理的相关规定、情报管理实施方案、情报管理员《工作日记》记录要求、项目《监理日志》记录标准、《监理日志》每日评价标准、《监理日志》季度审核评价标准、日志主管人员年度考核评价标准以及移动网络平台钉钉 OA 系统使用指南。培训工作作为《监理日志》情报管理进一步实施奠定了基础，使公司制定的日志日记相关标准制度在全员范围内得到宣传贯彻。此外，在每次组织培训后都安排了情报管理考试，并将考试标准定为，总分的 60%“合格”标准，总分 80% 为“达标”。考试成绩“未合格”的员工参加再次培训并考试，“未达标”员工参加再次考试，未能“达标”者解除劳动合同关系。目前公司基本实现了《监理日志》情报管理培训考试全员覆盖、全员达标的目标。

## 三、情报管理运行实施，有效保证项目监管

（一）严格执行方案，有序反馈整改，及时解决问题

公司从2016年第四季度实施项目《监理日志》情报管理至今，情报管理工作严格按照实施方案执行，日志由项目总监或与公司存在劳动合同关系的授权委托记录人进行记录，由公司培训上岗的情报管理员进行审核评价。每日上午十点前通过钉钉OA系统上传前日日志记录，次日上午十点前反馈日志审核评价情况，发现问题及时通知、及时整改。期间每周组织情报管理员召开工作例会沟通学习，开展监理基础知识培训，并安排下步工作；每月组织公司日志主管人员召开专题会议，及时解决发现的问题。季度结束，要求纳入情报管理项目，上报日志纸质版本综合评价，按评价标准确定评价结论为“合格”“基本合格”“不合格”，针对日志评价发现的问题及时反馈项目管理公司并整改。

（二）现场实地学习，互动沟通问题，探讨实际操作

情报管理运行期间，公司情报管理人员对运行项目进行现场实地学习，进一步了解现场实际情况，与项目总监及日志记录人进行面对面互动沟通，解读公司运行《监理日志》情报管理的意图，深入分析日志的积极作用，探讨公司制定日志记录标准的可操作性及实用性。

（三）日志记录稳步提升，总监履职有效保证，运行项目处于受控状态

通过情报管理运行工作的审核和不断反馈，项目《监理日志》记录水平稳步提升，项目总监执业行为履职情况得到有效保证，情报管理运行项目均处于受控状态，情报管理工作取得了一定的效果。

1. 规范日志记录内容，提升监理产品合格率

通过情报管理运行的实施，随着日志每日审核评价和针对存在问题的及时反馈，日志能够按照公司制定的记录标准规范记录，日志记录的连续性、规范性、真实完整性、可追溯性均有很大改进，有效提升《监理日志》这个监理工作最直接“产品”的合格率。

2. 监督总监履职情况，满足总监考核要求

通过情报管理运行的实施，项目总监和日志记录人从运行初期的被动接受逐步转变为主动上传、积极沟通，逐日记录《监理日志》成为每日监理工作的新常态，而且日志记录与现场工作基本能够同步进行、互相对应。做到的能够写到，没有做到的通过对日志记录的审核指导，反馈整改。现场监理工作进一步完善，项目总监的履职情况得到进一步保障，满足公司对项目总监《监理日志》考核的执业行为要求。

3. 及时发现项目问题，确保监理项目处于受控状态

通过情报管理运行的实施，不仅可以发现每日上传日志格式上的问题，而且可以通过记录内容及时发现项目工作不完善或不到位的问题，通过审核评价发现问题并反馈，跟踪追溯问题解决情况，随时关注项目动态信息，确保项目处于受控状态。

4. 防范安全生产监理风险责任，强化监理服务质量监管

实施《监理日志》情报管理，其根本目的并不仅仅是规范日志记录内容，而是通过日志记录内容发现项目管理问题，推动监理工作全面开展，进而防范安全生产监理风险责任，保证监理服务质量。通过情报管理运行的实施，进一步强化了项目监理人员的风险责任意识，对现场风险隐患不仅能够规范记录，而且能够采取措施积极落实整改并跟踪记录，合理运用监理通知单和工程暂停令处理安全隐患，为防范安全生产监理风险责任，强化监理服务质量监管有积极的意义。

## 四、分析存在问题，明确工作重点，保证监理服务质量

总结是为了进步，回顾是为了前瞻。回顾情报管理运行实施以来的项目管理工作，各运行项目日志记录水平整体提高，情报管理员审核评价能力稳步上升，实施方案的有效性和记录标准的规范性得到了很好的验证，但日志记录深度仍有待挖掘，记录人和审核人的专业素质仍有待提升。下一步公司将在之前情报管理工作的基础上，总结过去工作经验，明确未来工作重点，对公司所有监理项目有效实施情报管理，实现对所有在建项目全面监控，并重点关注落实以下几个方面：

（一）加强企业团队建设，关注总监情绪管理

在情报管理运行实施阶段，通过与项目总监和日志记录人沟通互动，发现影响日志记录水平最根本的问题是项目总监及日志记录人的工作态度和工作情绪，所以只有监理企业在监理人员素质提升和项目监理部团队建设方面加强管理，才能切实有效加强日志管理、提升日志记录水平。

（二）既要关注记录内容规范性，更要关注风险规避有效性

项目《监理日志》核心作用就是通过监理工作的原始记录，反映项目监理机构监理工作的全貌，尽可能规避监理单位及监理人员的责任风险。如果仅关注日志记录内容的规范性，记录内容仅限于现场情况及工作总结，而对项目存在问题没有概括分析、针对性记录，日志记录就会流于形式，仅仅成为记录现场工作的流水账，无法发挥日志记录的真正作用。所以不仅要求日志记录全面完整，还要求记录日志进行思考分析，进一步从规避监理单位及监理人员的责任风险方面进行记录。

（三）审核与记录实地互动，工作与学习同步进行

无论日志记录人记录日志还是情报管理员审核评价日志，最终目的是提升公司《监理日志》记录水平，真正发挥日志的积极作用。公司情报管理员审核评价日志，实质也是指导帮助项目部记好《监理日志》、做好项目监理工作的过程，如果情报管理员不了解项目概况、不清楚现场实际，审核评价日志无异于纸上谈兵、闭门造车。同样，如果日志记录人没有明确理解公司实施情报管理的目的，没有深入分析日志的积极作用，记录日志只是流于表面形式，就不能真正规避监理责任风险。所以，情报管理员深入现场实地学习，与日志记录人做好沟通互动，互相取长补短，对于进一步做好情报管理工作有积极的意义。

## 五、结语

监理项目网络信息管理工作任重而道远，既是工程项目管理的发展需要，又对保证监理服务质量有积极的意义。因此需要公司管理人员群策群力不断摸索，尽心尽力做好本职工作，相信公司项目管理水平必定全面提升，监理服务质量得到有效保障。

# “互联网+”结合监理现场工作活动的实践与探讨

贵州电力工程建设监理公司

**摘　要：**本文归纳了传统监理现场作业管理存在的一些问题和弊病，通过“互联网+传统监理现场管理”的思路，对监理现场管理中运用信息化科技手段的情况进行了举例和探讨，并对具体的实践进行了初步总结。

**关键词：**互联网+　数字化监理现场管理　资料及时性　真实性

现在我们已经进入“互联网＋”时代，信息技术已深入生活与工作的方方面面，监理行业推进信息化势在必行，“互联网＋传统行业”是一个新兴课题，本文就如何利用“互联网＋”思路提高监理人员工作能力，保障建设工程的质量安全进行介绍，欠缺之处还请同行批评指正。

## 一、传统监理现场管理存在的弊病

（一）现场监理人员业务水平普遍达不到专业要求。由于监理行业起步较晚，加之监理责任大、待遇相对较低、工作环境艰苦，监理企业很难吸引高素质的专业人才，在发展过程中人才储备不足。现场监理人员普遍专业素质不高，专业技能有所欠缺，对工程管控能力有限，发现及解决问题能力不足，监理履职效果不易显现。

（二）工程质量安全隐患得不到及时有效反映。在监理过程中，监理对安全质量隐患预控性较差，过程制止及报告能力不足，事后控制多，往往得不到业主的认同和支持，施工单位由于要耗费资源和成本，配合整改的力度有限，工程质量安全隐患往往得不到有效控制和消除。

（三）监理资料真实性、完整性较差。监理工作过程及工作成绩的重要体现是监理服务形成的资料。由于受到外部环境的影响（如施工单位不配合），加之监理人员自身的能力不足，监理资料往往不同步，补资料的现象时有发生，真实性和完整性较差，给监理履职带来较大的风险。公司获取现场资料的不够及时，真实性无法判断。采用对已执行过的监理任务资料扫描为电子文档后送公司归档，现场图片、视频录音等取证资料也实行后期归档的方法，公司管理严重滞后，不适应保障工程建设质量安全的要求。

（四）公司层面对项目监理工作质量的掌控力度不足。电网工程项目分散、建设周期短，公司对项目掌控难度较大。现场监理人员自身能力及责任心决定了监理履职工作质量水平。重大风险点、质量关键点的预控、在控能力较差，公司对整体工作质量控制有限。

（五）业主对监理人员履职能力心存疑虑。业主的期望值与监理实际效果还存在相当的差距，对监理的信任度有限，权利和责任往往不对等，抱怨和不满的现象一定程度阻碍了监理作用的发挥，对监理行业的发展产生负面影响。

## 二、“监理移动作业平台”主要功能

2015 年底，贵州电力工程建设监理公司与北京嘉达科技有限公司开始合作开发“监理移动作业平台”（以下简称“移动平台”），并于 2017 年初上线试运行，“移动平台”基于《建设工程监理规范》对监理工作“三控制两管理一协调及履行安全生产法定职责”的总体要求进行开发，通过移动端和管理端的协作联动，实现对施工现场监理人员的动态管理，对工程项目重大质量控制点、重大安全风险点的适时管控。

“移动平台”是应用当前的物联网、云存储、大数据的技术，采用 Android API、JAVA 7.0 开发工具，开发出移动作业端 APP 及后台管理端两部分软件系统。通过移动端 APP 在项目现场实时将日常工作的数据、图片、视频等信息上传至阿里云储存，实现工程建设监理过程管控的大数据分析。

（一）移动作业端（APP）主要功能包括 GPS 定位签到、重大质量控制点和重大安全风险点及对应表单的拍照取证、监理日志电子化编写、监理工作作业指导书、监理工作督导检查、进度信息上传、造价信息上传等。

（二）后台管理端（PC）主要功能包括监理人员履职情况统计分析、工程信息归档统计、现场资料信息审核等。尤其有价值的是监理可以为业主方提供相关接口，让业主方也能时时查看项目建设的监理视角，实现即时的报告功能。

## 三、“监理移动作业平台”应用经验介绍

通过“移动平台”近半年来的试用，公司对承监项目的现场管理有了一定的提升，主要从以下几点进行介绍。

（一）现场监理人员到岗管理得以实现

公司业务分布全省 9 个市（州）及省外部分地区，项目较多、范围分散，对监理人员的到位掌握情况不够了解。从以前无法得知现场监理人员到岗出勤的真实情况，到现在通过 GPS 定位拍摄自拍图片上传到后台，自拍图片再经过系统自动生成水印（包含工程名称、图片拍摄时的地点、图片拍摄时的时间、监理人员姓名等信息），能真实、快速、准确地反映现场监理人员的到岗情况，图片水印技术的运用使现场监理人员难以对拍摄图片进行造假，杜绝监理人员不去现场或者用以往照片替代签到的情况。从 2017 年 4 月 1 日至 5 月 14 日，共有 189 名监理人员共签到 5653 次，到位率达 92%。

（二）通过移动作业终端进行监理工作实现对项目的质量和安全管理

以往对现场监理人员的工作质量管控薄弱，无法全面了解和管控监理人员工作质量。现在通过每天日常作业汇报，检查表单图片，现场检查图片上传到后台，能真实、准确地反映现场监理人员当天的工作情况。图片水印技术的运用使现场监理人员难以对拍摄图片进行造假，杜绝监理人员不去现场或者用以往照片替代做假资料和补资料的情况。通过该平台的运用，有效充当公司的“眼睛”，对现场工程质量、安全实时管控。公司针对重大质量控制点及重大安全风险点进行施工前评估，在某个工程某个控制点检查表单、照片、视频等有据可依的支撑资料，对于存在问题的控制点，有对应的通知单及整改闭环措施，使工程监理资料形成一条真实、完整的信息链，并能自动归集、统计、归档，让工程资料永久保存，替代以前无法查看到位的隐蔽工程、见证取样、材料/设备验收、安全风险点等资料。通过后台管理，公司管理层可以实时查看所有承监工程项目的动态，做到事前、事中、事后控制，从而降低监理过程中的质量和安全风险。目前“移动平台”共设置检验点（批）1334个点（包含输变电工程、线路工程、配网工程及民建工程），从2017年4月1日至5月14日，质量日常作业报告记录1249条，安全日常作业报告记录887条，其他监理工作日常作业报告记录805条；共上传现场表单、图片、视频2万多份，工程数据314条；现场监理人员工作日报完成率89%，监理日志完成率82%，为公司管理层提供了真实可靠的一手资料，这些数据充分表明了通过“移动平台”的应用，较大地提高了监理的履职管理水平。

（三）为现场监理人员提供便捷的作业指导

“移动平台”为现场监理人员（特别是业务水平不高、监理经验不足的人员）提供了学习指导功能。我们对每一个质量关键点、安全风险点都设置了相关的指导学习文档，包括标准规范、示例表单、示例图片等，监理人员在日常监理工作中遇到不会处理的情况时，可以随时查看相关示例，协助自己完成监理工作。同时，“移动平台”集成了数百份的法律法规、标准规范、企业制度等资料，真正将这些资料装进“口袋”，这一功能的运用得到监理人员的广泛欢迎，他们不用再背负沉重的规范进入现场，遇到需要查阅规范的地方也能及时进行，真正做到监理有法可依、有章可循。

（四）通过履职统计分析合理评价监理人员态度及能力

监理人员通过移动作业终端上传的所有数据都会在后台进行分类汇总，形成监理人员履职统计分析表，从表中可以分析出某个监理员是否具备基本的监理工作能力和工作态度。以往的考评多是以印象为主，履职记录也有造假的现象，评价较为主观。通过“移动平台”的应用，将评价建立在数据的基础上，用数据说话；每个监理人员所有的到岗情况，所做的监理工作都得到有效记录，有据可查，形成一套科学的、合理的监理人员评价体系。

（五）资料及时收集确保监理文档的真实性

工程资料收集、整理是监理工作中的一项重要内容。工程资料的形成是一个逐步累积的过程。每日完成的工作都应归纳到最终的资料库中。以往监理过程中补资料、资料造假的现象时有发生，资料真实性、完整性得不到保证。现在我们通过“移动平台”，将现场监理人员每日所作的工作都及时上传至后台服务器，以工程为维度进行归纳收集，杜绝了后期补前期资料的情况，减少造假资料的可能性，真正做到“今日事今日毕”，监理资料的真实性、完整性都得到了大幅提升。

“移动平台”自试用以来，在监理人员中广泛应用，同时得到业主单位的广泛好评。2015年10月22日，国家发改委司长视察公司在海南承监的220kV海口龙泉变电站工程时，对“监理移动作业平台”表示高度赞扬。

## 四、结束语

（一）通过系统的应用，规范现场监理人员日常工作行为，提高监理人员的业务水平及履职能力，使监理工作质量得到提升。

（二）实现对工程建设过程中的监理历史信息的可追溯，让业主放心。

（三）通过使用一系列信息化手段，基于“三控制两管理一协调及履行安全生产法定职责”的总体要求，建设一个以建设工程流程和施工过程监管为主线，以信息资源整合和社会化利用为目的，以工程质量安全和工程人员岗位检查为重点，监管规范、便捷高效、公开透明的服务平台。

# 取消政府指导价后的监理现状调查、分析与对策

连云港市建设监理有限公司　王怀栋

**摘　要：**本文以连云港地区的监理市场调研为基础，分析政府指导价取消后监理市场竞争所带来的变化，虽然带有一定的地区局限性，但希望能引发监理同行的重视与思考。

**关键词：**取消政府指导价　监理现状　调查　分析　对策

2015年2月11日，国家发展和改革委员会发布了《关于进一步放开建设项目专业服务价格的通知》（发改价格[2015]299号）（以下简称为299号文），决定从2015年3月1日起，全面放开包括工程监理费在内的五项服务价格，实行市场调节价。对整个监理行业而言，这意味着无论是政府投资项目还是非政府投资项目，监理服务价格将不再受政府保护，而是完全由市场定价，也标志着施行八年、被业内人士誉为“带领监理行业走向春天”的《建设工程监理与相关服务收费管理规定》（发改价格[2007]670号）（以下简称为670号文）正式废止。自299号文正式施行至今已过去一年半了，在这段时间内，监理行业发生了巨大的变化，令各方（包括监理自己）感到困惑和不安，特别是加剧了监理市场的混乱无序现象，影响了监理行业的健康发展。本文以连云港市的监理市场现状调研为基础，旨在深入剖析监理行业存在的问题及原因，寻找适合监理行业持续健康发展的对策建议，希望有助于健全工程监理制度、推动监理事业科学发展。

## 一、监理市场状况一片混乱

根据江苏省招投标网公布的相关数据，连云港市自2015年3月1日至2016年7月31日，共进行了243项建设项目的监理公开招投标，该批项目均为政府投资项目，极具市场竞争力，最能反映监理市场的竞争情况。表1为招投标相关情况数据（由于篇幅有限，本文只节选了部分有代表性的项目）。

（一）评标方法的使用

2014年9月25日，江苏省建设工程招标投标办公室发布新的监理评标办法《江苏省房屋建筑和市政基础设施监理招标评标办法（试行）》，将监理取费报价评价分数加大（采用综合评估法的，投标报价≥32分），并给出了3种评标方法，供招标人选择。由于各监理企业反应强烈（使用这3种评标方法，出现了报价不可控，各投标单位的投标报价差异性太大的局面），省招办又于2015年9月28日再次发文（苏建招[2015]11号文），对评标办法进行调整，增加了评标方法四。相比较而言，采用评标方法四时，各投标单位的监理投标报价相对稳定、差异性较小，更加接近于招标控制价。通过对243个项目进行统计（见表2），采用评标方法一的有158个项目，占65.02%；采用评标方

政府投资项目监理公开招投标情况表　　表1

| 序号 | 项目名称 | 评标办法 | 工程造价（万元） | 基准价（670号文）（万元） | 招标控制价（万元） | 招标控制价占基准价的百分比 | 中标价（万元） | 中标价占基准价的百分比 |
|---|---|---|---|---|---|---|---|---|
| 1 | 连盐铁路安置小区一期工程 | 方法一 | 4000 | 99.45 | 60 | 60.33% | 25.6 | 25.74% |
| 2 | 灌云县新建杨集等11个派出所工程 | 方法一 | 5000 | 120.8 | 102.68 | 85% | 26.96 | 22.32% |
| 3 | 赣榆邻里中心12-17#宿舍楼工程 | 方法一 | 2200 | 58.9 | 33.224 | 56.41% | 9.05 | 15.37% |
| 4 | 灌南县新建东片区区域供水环网 | 方法一 | 4000 | 99.45 | 77.8 | 78.23% | 33.6 | 33.79% |
| 5 | 连云港市新建妇幼保健中心 | 方法一 | 36000 | 645.24 | 500 | 77.49% | 100.32 | 15.54% |
| 6 | 连云港核电专家二村项目 | 方法二 | 85000 | 1318.6 | 1050 | 79.63% | 180 | 13.65% |
| 7 | 淮海工学院新建工程水环境实验楼 | 方法二 | 1200 | 34.9 | 34.9 | 100% | 16.77 | 48.05% |
| 8 | 灌云县益海学校图文中心楼 | 方法二 | 585 | 18.81 | 15 | 79.75% | 5.98 | 31.79% |
| 9 | 徐圩新区地下综合管廊一期 | 方法三 | 120000 | 1748.1 | 1200 | 68.65% | 828 | 47.37% |
| 10 | 徐圩新区人才公寓二期工程 | 方法三 | 30000 | 550.8 | 385.56 | 70% | 306.6 | 55.66% |
| 11 | 灌云县区域供水管网工程 | 方法三 | 2300 | 61.3 | 46.89 | 76.49% | 35.6 | 58.08% |
| 12 | 连云港连云区板桥安置小区一期 | 方法三 | 10000 | 218.6 | 164 | 75.02% | 70 | 32.02% |
| 13 | 连云港市海宁中学分部改建工程 | 方法三 | 4800 | 116.53 | 99.05 | 85% | 76.8 | 65.91% |
| 14 | 连云新城金海大道跨新城闸道桥工程 | 方法四 | 10000 | 218.6 | 180.35 | 82.5% | 180 | 82.34% |
| 15 | 连云港市苍梧小学西校区新建工程 | 方法四 | 8000 | 181 | 140 | 77.35% | 139.52 | 77.08% |
| 16 | 苍梧家苑项目建设监理南标段 | 方法四 | 35000 | 629.5 | 321 | 50.99% | 320.58 | 50.93% |
| 17 | 瀛洲梧桐里项目二标段工程 | 方法四 | 6000 | 140.87 | 83.82 | 59.5% | 83.58 | 59.33% |
| 18 | 综合客运枢纽人民路下穿隧道工程 | 方法四 | 27500 | 511.45 | 420 | 82.12% | 418.18 | 81.76% |

四种评标方法的采用情况表　　表2

| 序号 | 评标方法 | 评审因素和标准 | 项目数量 | 比例 |
|---|---|---|---|---|
| 1 | 方法一 | 以有效投标文件的最低投标报价为评标基准价，投标报价等于评标基准价的得满分；偏离评标基准价的，相应扣减得分 | 158 | 65.02% |
| 2 | 方法二 | 以有效投标文件的次低投标报价为基准价，投标报价等于评标基准价的得满分；偏离评标基准价的，相应扣减得分 | 4 | 1.64% |
| 3 | 方法三 | 以有效投标文件的投标报价算术平均值为$A$，评标基准价=$A\times K$，$K$值在开标前由投标人推选的代表随机抽取确定，$K$值的取值范围为95%~100%；投标报价等于评标基准价的得满分；偏离评标基准价的，相应扣减得分 | 51 | 20.99% |
| 4 | 方法四 | 以有效投标文件的评标价算术平均值为$A$，最高投标限价为$B$，则：评标基准价=$A\times Q1+B\times Q2$，$Q2=1-Q1$，$Q1$的取值范围为10%、15%、20%、25%、30%；$Q1$值在开标前由投标人推选的代表随机抽取确定；投标报价等于评标基准价的得满分；偏离评标基准价的，相应扣减得分 | 30 | 12.35% |

法二的有4个项目，占1.64%；采用评标方法三的有51个项目，占20.99%；采用评标方法四的有30个项目，占12.35%。上述数据显示，目前采用方法一的比例已远远超过其他三种方法的总和，其实质就是一种低价中标的行为，监理中标价可想而知。

（二）招标控制价的设定及监理最终的中标价

招标控制价是招标人根据工程具体情况并结合监理市场因素而设定的监理报价的最高限价。投标人报价若超过该控制价将按废标处理。由于670号文已经取消，使得招标控制价的设定五花八门，没有了参考依据。监理单位为了中标相互无底线压价，无序竞争，监理市场混乱不堪。通过对243个项目进行统计（见表3），招标控制价占基准价的平均值为70.02%，个别的出现低于20%的情况；而监理中标价占基准价平均值的为45.37%，个别的出现低于15%的情况。数据统计的结果显示，招标控制价的设定已经非常低，而监理中标价更是低得可怜，有的甚至低于监理成本价，市场竞争异常残酷。

（三）工程项目及投标单位数量的变化

近年来，政府投资项目减少，楼堂馆所停建，房地产急剧下滑等造成监理项目每年呈递减趋势且大幅度减少。经过对2012~2016年间连云港市公开招标的政府投资项目进行统计（见表4），2012年为498个项目，2013年为380个项目，2013年比2012年减少118个

部分项目招标控制价的设定及中标价情况表　　表3

| 序号 | 项目名称 | 工程造价（万元） | 基准价（670号文）（万元） | 招标控制价（万元） | 招标控制价占基准价的百分比 | 中标价（万元） | 中标价占基准价的百分比 | 中标费率 |
|---|---|---|---|---|---|---|---|---|
| 1 | 云宿路二标段 | 20000 | 393.4 | 160 | 40.67% | 144.8 | 36.8% | 0.724% |
| 2 | 云宿路三标段 | 25000 | 472.1 | 180 | 38.13% | 164.48 | 34.84% | 0.658% |
| 3 | 开发区港韵花园小区工程 | 40000 | 708.2 | 280 | 39.54% | 277 | 39.11% | 0.693% |

项目；2014年为285个项目，2014年比2013年年减少95个项目；2015年为160个项目，2015年比2014年减少123个项目；2016年上半年为98个项目，数量较2015年上半年有所上升，但上升幅度太小。而参与投标的监理企业每年呈上升趋势，2012年连云港市共有50家（本地企业20家，外地企业30家）参与了投标；2013年为62家（本地25家，外地37家）；2014年为70家（本地25家，外地45家）；2015年为83家（本地28家，外地55家）。2012~2014年间，一个项目投标报名的监理企业约在3~5家之间，而从2015年开始，一个项目投标报名的监理企业约在6~9家之间，有的达到甚至超过16家，如徐圩新区人才公寓二期工程项目投标报名的监理企业达18家，开标时有16家递交了投标文件。以上数据说明，工程项目在减少，而投标的监理企业在增加，出现了“僧多粥少”的尴尬局面，监理市场已经供不应求，恶性竞争抢业务越演越烈。

（四）招标文件的编制

招标文件是招标人向潜在投标人发出并告知项目需求、招投标活动规则、合同条件等邀请文件，是项目招投标活动的主要依据，其制定质量的好坏、内容的深度、招标控制价的设定及对投标人的具体要求等将决定选择一个什么样的监理单位及项目总监，也决定着今后监理工作的质量。

招标代理机构编制的招标文件除压低招标控制价外，评分办法五花八门，标准不一，随意性强。如海滨大道四标段和五标段分别由两家招标代理机构承担代理业务，制定的评分标准对监理人员要求严重不一致（见表5）。四标段造价2.2亿，长度为6.6km，要求监理人数不得少于15人；而五标段造价5.5亿元，道路长度为8.6km（含2.8公里桥梁一座），要求监理人数不少于11人。按照工程造价、难易程度与四标段相比较，五标段人数应不少于37人才合理。

为强化对监理人员的到岗到位管理及招标文件编制时人员配置的合理性，江苏省住建厅下发了《江苏省建设工程施工项目经理部和项目监理机构主要管理人员配备办法》（苏建建管[2014]701号文）（以下简称为701号文），对监理人员的配置有具体要求，但招标代理机构依旧不执行，不能根据工程的规模、特点对人员进行合理配置；我行我素，无依据的不合理乱配，从招标阶段开始就存在先天性的缺陷，势必造成监理人员的越位、缺位等现象的发生。例如：上合组织绿化项目造价仅为1500万元，监理招标控制价为35万元，按照701号文，5000万元才配5个人，而该工程招标文件规定为9个人。若该工程中标后，如何保证中标的监理人员全部到位？再如新城国际花园项目建筑面积10万$m^2$，造价2.8亿元，按照701号文至少应配置8人，而招标文件要求为5人，这么大的体量，5个人如何完成监理任务？再如核电专家二村招标文件要求：

工程项目及投标监理企业数量统计表　　表4

| | 2012年度 | 2013年度 | 2014年度 | 2015年度 | 2016上半年 | 趋势 |
|---|---|---|---|---|---|---|
| 项目数量（个） | 498 | 380 | 285 | 162 | 98 | 递减 |
| 投标单位数量（家） | 50 | 62 | 70 | 83 | | 递增 |

不同招标代理机构制定的招标文件比对表　　表5

| 序号 | 项目名称 | 工程规模 | 招标控制价 | 人员配备要求 |
|---|---|---|---|---|
| 代理机构1 | 海滨大道四标段 | 道路长6.6km，工程造价为2.2亿元 | 340万元 | 总监1人，道桥专业10人，电气专业2人，给排水专业2人，总人数不少于15人 |
| 代理机构2 | 海滨大道五标段 | 全线长约8.6km，道路长5.8km，桥梁长2.8km，建安总投资约5.5亿元 | 740万元 | 总监1人，道桥专业6人，电气专业1人、给排水专业1人、测量专业1人、绿化专业1人，总人数不少于11人 |

制定的招标文件与701号文比对表 表6

| 序号 | 项目名称 | 工程规模 | 701号文最低配置要求 | 招标文件人员配置要求 |
|---|---|---|---|---|
| 1 | 上合组织绿化项目 | 造价1500万元，绿化面积7.8万$m^2$ | 总监1人，专监2人，监理员2人，共计5人 | 总监1人，专监4人，监理员4人，共计9人 |
| 2 | 新城国际花园项目 | 造价2.8亿元，建筑面积10万$m^2$ | 总监1人，专监3人，监理员6人，共计10人 | 总监1人，专监4人，监理员0人，共计5人 |
| 3 | 核电专家二村项目 | 造价8.5亿元，建筑面积30万$m^2$ | 总监1人，专监8人，监理员11人，共计20人 | 总监1人，专监8人，监理员11人，共计20人，其中国家注册监理工程师不少于16人 |

监理取费调查情况表 表7

| 序号 | 调查内容 | 调查结果 |
|---|---|---|
| 1 | 本企业的资质等级情况 | ①综合资质，453票，占20%<br>②甲级资质，1490票，占66%<br>③乙级及以下，300票，占13% |
| 2 | 从本企业的实际情况对比分析，觉得工程监理服务收费采取何种方式好 | ①国家指导价，1675票，占75%<br>②市场定价，568票，占25% |
| 3 | 价格放开后，实际工程监理服务费的费率对比之前企业实际获得的费率是什么 | ①上升，123票，占5%<br>②持平，209票，占9%<br>③下降，1911票，占85% |
| 4 | 价格放开后，招标控制价的制定标准一般是什么 | ①原有国家指导价，158票，占7%<br>②原有国家指导价下浮20%，532票，占24%<br>③市场价，自己谈，1553票，占69% |
| 5 | 监理服务收费放开后，是否造成了监理服务质量下降 | ①有，1567票，占70%<br>②无明显变化，676票，占30% |
| 6 | 监理服务收费放开后，是否感到监理行业恶性竞争 | ①有，2133票，占95%<br>②无明显变化，109票，占5% |
| 7 | 收费放开后，从业人员的收入如何 | ①上升，105票，占5%<br>②下降，1497票，占67%<br>③无明显变化，640票，占29% |
| 8 | 监理服务收费放开后，是否造成了监理行业人才的严重流失 | ①有，1895票，占85%<br>②无明显变化，347票，占15% |
| 9 | 监理服务收费放开后，是否造成了业主方不合理压缩监理费用 | ①有，2119票，占95%<br>②无明显变化，123票，占5% |

国家注册监理工程师土建9人；水暖2人，注册专业为机电；电力2人，注册专业为电力；设备2人，共计国家注册监理工程师16人。试问，中标后这16名国家注册监理工程师都能来现场监理吗？（见表6）

## 二、监理取费调查令人担忧

取消670号文后，监理取费发生了哪些变化？取费状况如何？给监理行业带来了哪些变化？《建设监理》杂志在其公众微信平台上进行了调查，共有2243名监理同行参与了问卷回答，调查内容及结果如上表（表7）。从调查结果看，69%的项目招标控制价的设定是以市场价作为计费依据的。价格放开后，业主方出现不合理压缩监理费用的情况占95%，监理费的收取呈下降趋势的占85%，近95%的人感到了监理市场出现了恶性竞争的局面。监理取费低使得监理企业生存困难，有70%的人认为监理服务质量在下降，85%的人认为已造成了监理行业人才的严重流失。同时，75%的人认为监理服务收费还是采取国家指导价好。

## 三、在监项目抽查触目惊心

2016年4月25~29日，连云港市建设行政主管部门组织相关专家对部分在监项目进行了动态检查，检查中发现，部分监理企业在企业行为、人员到岗到位、现场监理履职等方面存在诸多问题（见表8）。

监理企业行为不规范。多数外地监理企业未对现场组织定期检查考核，缺

部分在监项目监理检查情况表　　表8

| 序号 | 工程规模 | 701号文最低配置要求 | 现场检查情况 | | |
|---|---|---|---|---|---|
| | | | 监理企业行为 | 监理人员到岗 | 监理工作履职 |
| 项目1 | 医院类公共建筑，建筑面积30万$m^2$ | 32人 | 企业未对现场组织定期检查考核，对现场监理工作缺乏管理；监理人员变更频繁，且未备案 | 现场只有14人，到位率为44%；一期工程总监长期不在现场 | 监理资料不完整；巡视、旁站记录不齐全；材料报验不及时；工序验收滞后 |
| 项目2 | 住宅小区，建筑面积17万$m^2$ | 12人 | 监理取费仅为670号文中基准价的28.89%；企业未对现场组织定期检查考核，对现场监理工作缺乏管理；监理人员变更频繁，且未备案 | 现场只有4人，到位率为33%；总监长期不在现场 | 监理规划、细则无针对性；旁站不到位；巡视记录不全；土建专监代替安装专监签字 |
| 项目3 | 住宅小区，建筑面积30万$m^2$ | 20人 | 监理取费仅为670号文中基准价的13.65%；企业未对现场组织定期检查考核；使用非本单位监理人员 | 现场只有6人，到位率为30% | 材料未经检测直接使用；规划、细则内容不全；材料报验不及时 |
| 项目4 | 住宅小区，建筑面积18万$m^2$ | 12人 | 企业未对现场组织定期检查考核，对现场监理工作缺乏管理；使用非本单位监理人员 | 现场只有7人，到位率为58% | 材料未经检测直接使用；监理员代替专监越位签字；旁站、巡视记录不全；监理资料不完整 |

乏对现场监理工作的掌握和了解，指导管理不力；对监理人员的变更情况未在规定时间内录入监理管理信息系统。

监理人员到岗到位情况差。部分现场监理机构中的人员配置不符合招标文件及 701 号文规定的最低配置要求。有的项目人员配置严重不足；有的专业配置不全，监理员代替专监越位签字；个别监理企业使用非本单位监理人员；有的项目总监不在现场履职；有的项目监理人员变更频繁，不能认真履行职责，严重影响了监理工作效率。

监理工作履职不到位。有的项目材料没有及时验收；有的项目关键部位没有进行旁站监理；个别监理人员对现场情况不了解，对图纸不熟悉，一问三不知；有的项目监理资料整理凌乱等。

针对上述问题，连云港市建设主管部门对存在问题的监理企业要求限期内整改；对五家监理企业进行了约谈，并通报批评；对两家监理企业记不良行为记录。

## 四、监理行业现状分析结论

通过对监理市场状况、监理取费、在监项目抽查等情况的调查分析，可以得出如下结论：

政府指导价取消后，监理服务费不再受到政府的保护，大部分招标人为"节省投资"，采取了低价中标的方式选择监理单位。个别招标代理机构为了迎合招标人的要求，在制定招标文件时随意压低监理服务费，编制的招标文件低劣。监理队伍的选择从招投标阶段开始就存在先天性的缺陷，为监理市场的恶性竞争埋下伏笔。

在当前"僧多粥少"的市场环境下，为满足市场需求，部分监理企业已经失去了理智，盲目压价，无限制地通过低价的方式承揽监理任务，且愈演愈烈，造成了监理行业自残的恶性竞争局面，使得监理企业的生存环境日益恶化。监理企业的低收入是监理人员待遇普遍偏低的主要原因，待遇低必然导致高智能的监理人才不断流失。

在监理服务费降低的情况下，监理企业为了满足自身利益及生存需要，不惜采取降低监理人员到位率、监理服务不到位等办法进行应对，致使监理工作质量呈下降趋势，有的甚至给工程留下质量安全隐患，严重影响了监理行业的科学、持续发展。

在实际监理工作中，普遍存在着监理职责落实不到位、监理作用发挥不充分、监理人员素质不高等问题，尤其是监理人员到位率低、现场不认真履职、出现问题不作为等问题更为突出，监理工作得不到业主的认可和信任，部分业主甚至存在着工程要不要监理无所谓、监理只是摆设而已、花钱雇监理是一种浪费的错误认识。这种对监理的错误认识也反作用着监理的取费，低价、廉价的监理费自然而生，恶性循环不断加剧（见下图）。

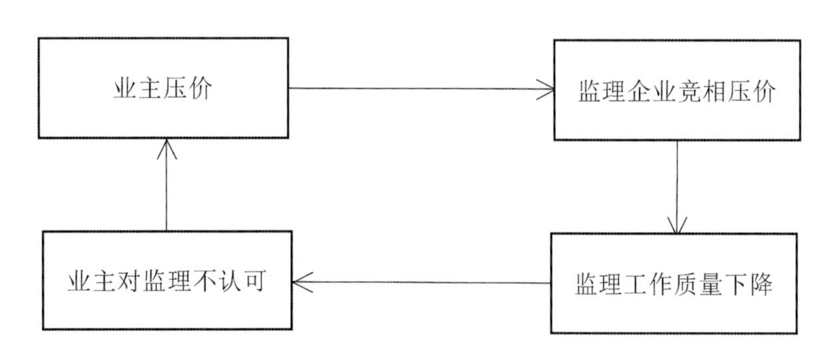

## 五、对策与建议

面对残酷的监理市场环境，监理人必须认清形势，认真反思自身存在的问题，制定相应的整改对策，主管部门也应与监理企业齐管共抓，才能保证监理行业的健康、有序发展。

既然政府指导价已经取消了，为规范监理市场，监理行业应寻找符合监理行业发展的监理取费办法。苏、浙、沪三地于 2015 年 6 月 2 日，在监理市场充分调研的基础上出台了《建设工程施工监理服务费计费规则》，该规则可以作为招标控制价及监理企业投标报价的依据。监理人员应大力宣传并积极推广，要让业主明白，取消政府指导价是为了让监理市场更具活力，而不是监理取费无底线。对于一些招标控制价低于成本的项目，监理企业要敢于向业主叫板："业主请自重！这个监理项目，我们不接！"

加强行业自律，自觉维护正常的监理市场秩序。地方监理协会应发挥引领、指导、巡查、自律等作用，对遵守自律公约的企业要进行表扬，对违反自律公约的企业要进行公开通报。对低于成本价承接监理业务的企业要坚决抵制。低价投标，监理协会要敢于亮剑。

要建立监理企业中标后监理人员的备案制度。监理人员的备案应满足投标文件及 701 号文最低配置要求。根据江苏省住建厅《关于进一步加强全省监理人员从业管理的通知》（苏建建管[2014]100 号及补充条款）的规定，监理人员在备案时应满足以下规定：省内总监理工程师，经建设单位书面同意，在同一区市最多可同时在三个在建项目上从业；省内专业监理工程师，最多可同时在省内三个在建项目上从业；省内监理员不得同时在两个及以上在建项目上从业；省外监理人员只能在一个在建项目上从业。中标单位监理机构所有人员备案后，工程结束前不得进行其他项目的投标。这样做有三个好处：一是监理企业会根据监理人员数量、专业、资源配置等进行综合分析，有选择性地进行投标，并在投标中考虑监理费对其成本的影响；二是能保证中标后投标监理人员的到位率，减少随意变更，避免出现投标是一帮人，现场监理是另一帮人的怪现象；三是招标文件往往对各个专业的配备是有相应要求的，这样容易淘汰一些非专业人员，提升监理行业整体素质，保证监理工作质量。

建设主管部门应加大对现场监理机构的动态巡查力度，对人员不到位、随意变更人员、现场人员与备案人员不符、监理工作不作为等情况进行严格管理，依据《江苏省监理企业及监理人员不良行为标准》进行考核，对违反规定的记录不良行为，根据其严重程度决定是否限制其在地区内投标。对于一些监理费超低的项目，主管部门应进行过程跟踪，落实监理人员到位情况、监理履职情况，把投标书中的监理人员全部控制到位，加大其成本，自然而然下次再投标时该企业就会考虑成本，不会过分压价了。

打铁还需自身硬。监理企业只有加强管理，提升管理水平，为业主提供满意的服务，让业主满意，才能提高监理行业的社会地位和收入水平。如果这一点得到实现，自然监理行业就能吸引更多的优秀人才涌入，保证监理人员的数量和质量。有了这个基础，监理行业才能走入良性循环的轨道。监理企业间的良性竞争是比服务、比水平、比实力，要想在竞争中胜出，监理企业必须投入，而不是现在的比谁价格更低。监理企业壮大了，监理行业发展自然有了内在的驱动力，最终实现优胜劣汰。

# 工程管理企业关键工序与岗位道德风险防范探索——以M市T建设监理公司为例

厦门海投集团　詹圣泽

**摘　要**：在我国当前市场经济环境条件下，根据道德风险理念：签约后，在工程建设整个履约实施过程中，工程管理企业面对道德风险的情况还是难以避免的，特别是关键工序和关键岗位人员往往是道德触底的重灾区。因此，对工程实施阶段，研究如何降低工程管理企业可能存在的道德风险及其引发的危害并加强防范就显得尤其重要。本文以T建设监理公司在防范工程道德风险方面采取的办法措施为例，来探索监理企业特别是国有建设监理企业在该方面的优势与做法、经验与成效。

**关键词**：企业管理　工程管理　国有企业　建设监理　道德风险

T建设监理公司隶属于厦门M集团，是M市监理行业为数不多的国有企业之一。公司成立20年来，承接的工程建设任务大多为国有资产投融资项目，多数是事关社会公共利益的民生工程。作为国有企业，T建设监理公司长期坚持践行弘扬建筑业正气、承担更多社会责任的积极理念。在项目实施过程中，一方面责无旁贷地使国有企业的资产保值增值，有责任和义务尽量避免国有资产出现各类损失；另一方面还必须通过企业的自身努力，使工程项目的建设实施顺利，让社会和人民切实感受到党和政府为民办实事的本意和初衷，把好事办好。要做到这些，T建设监理公司除了要求全体监理人员必须恪守职业道德、遵循廉洁从业的执业准则外，还要充分发挥国有企业机构健全、制度严密、管理规范等特点，采取各种措施积极防范工程建设过程中可能出现的各种各样的道德风险。

## 一、道德风险的概念及其表现特征

道德风险，是20世纪80年代西方经济学家提出的一个经济哲学范畴的概念，即“从事经济活动的人在最大限度地增进自身效用的同时做出不利于他人的行动。”换言之，就是当签约一方不能完全承担风险责任及其后果时，所采取的自身效用最大化的自我保护的自私行为。道德风险有三大特征：（1）内生性特征，即风险雏形形成于经济行为者对利益与成本的内心考量和算计；（2）牵引性特征，凡风险的制造者都存在受到利益诱惑而以逐利为目的的特征；（3）损人利己特征，即风险制造者的风险收益都是对信息劣势一方利益的不当攫取。

## 二、工程建设过程的道德风险及其表现形式

在市场经济利益驱使下，目前的工程建设市场中，存在着大量的挂靠行为和“牌子大、队伍小、实际品质低”等现象。挂靠业务和挂靠证书以及买标卖标违法违规行为屡禁不止，串标围标时有发生，导致工程实际承包人管理不到位、施工人员素质低下的情况非常普遍。工程承包人为了追求利润最大化，往往会防不胜防地采取各种各样的隐蔽行为、隐瞒手段甚至运用一些虚假、违规的手段，为获取本不属于自身的利益而冒工程道德风险；包括弄虚作假、以次充好、偷工减料、消极怠工、恶意索赔等。由

于道德触底的成本较低，因此在施工过程中道德风险会不断地涌现、升级。有时施工方为了达到目的，道德风险会演变为对工程建设监理方的恶意行为，包括使用暴力、威胁利诱、篡改记录甚至是毁灭原始证据等情况。

近年来，T建设监理公司所监理的桩基工程曾遇到过以下几类典型道德风险的案例。

案例一：搅拌桩多记水泥用量。搅拌桩的水泥实际用量是在现场确认记录的。某市政工程搅拌桩施工时，施工承包人明目张胆地要求监理人员多记水泥用量，当监理人员坚持原则予以拒绝时，施工承包人竟然指使班组的工人殴打监理人员。

案例二：冲孔桩孔深测量“偷桩长”。某房建工程冲孔桩测量成孔深度时，施工班组在测量孔深用的测绳上作起了“文章”，测绳在放入充满泥浆的孔里时被暗地里打成了活结，提出桩孔时再将活结抖开，等到将测绳放到地面上用钢尺测量时孔深就变“长”了，这种“偷桩长”的行为被监理发现并理所当然地予以制止，同样发生了监理工程师被施工方工人殴打的事件。

案例三：预制管桩原始记录被盗。某房建工程预制管桩施工时，施工方用尽了手段，在“暗示”监理人员配合他们多记桩长无效后，再进行言语威胁仍然得不到响应，最后干脆一不做二不休，将监理的旁站原始记录偷走毁掉，造成桩基工程量难以确认的严重后果。

案例四：预制管桩原始记录被篡改。某房建工程预制管桩施工完成后，工程承包人以“分红”为诱饵串通建设单位现场代表，并进一步胁迫项目总监理工程师篡改桩基工程原始记录、虚增工程量，造成国有资产流失。由于这一行为已触犯了法律，该事件中的相关当事人已被定罪收押。

## 三、T建设监理公司防范工程道德风险的做法

工程道德风险造成了监理行业日趋复杂的外部工作环境，这无疑加大了现场监理工作的难度。透过上述案例分析林林总总的不良行为与现象，我们不难看出，唯利是图的工程承包人游走在法律红线边缘的同时，也严重影响到工程监理人员的身心健康，甚至是生命安危，迫使监理企业除费心尽力地培养好工程技术管理人才之外，还要不断采取相应有效措施来防范工程建设中的道德风险，以保护企业员工的工作安全并保证建设工程免受损害。

T建设监理公司经过多年探索，不断总结，目前形成了一整套多方位、多层面行之有效的防范体系。

1.公司与施工方企业方面：鉴于施工企业工程中标后包而不管或以包代管较为普遍，对工程承包人缺乏约束的实际情况，由公司党组织派专人参加工程开工时的第一次工地会议，向参建各方进行廉政交底，宣布公司的监理工作纪律规定，并与施工企业签订“建设相关方自律协议”，书面正式约定监理方的行为准则和服务宗旨，明确施工方不得有不当行为，同时希望施工方监督配合执行。这实质上等同于一个廉洁宣言，将项目监理组和施工方置于阳光下，既是接受公众监督，也是对公司员工的爱护和对施工企业的一种约束。

2.公司与项目监理组方面：为防范施工方弄虚作假、保护公司员工、减轻员工在隐蔽工程旁站监理过程中的压力，公司采取了旁站人员双岗制与换岗办法，制定了监理原始记录归档制度，特别针对关键工序的桩基工程监理过程中可能出现的突出问题，制订实施了《桩基工程监理电子信息及时报备制度》。按照该制度，监理组每天将表单同步会签并上传至公司职能部门、建设单位代表和总监的邮箱进行多方面备案，同时对监理原始记录进行现场拍照存档。

与此同时，公司还规定了报告制度，规定当出现工程承包人有不良企图或工程承包人以各种理由给监理人员暗示“好处”等情况时，项目监理组应及时向公司报告，由公司出面协调解决。

3.公司与员工队伍方面：工程管理关键在人，因此打造一批过硬的技术骨干和员工队伍至关重要。长期以来，T建设监理公司通过各种层面的警示教育培训，积极帮助员工树立正确的人生观、价值观，指导员工用更高的道德标准要求自己，善于辨识形形色色的工程道德风险和职业道德风险，掌握防范能力，做到科学执业和廉洁从业，做合格的工程卫士。

在抓员工的廉洁自律方面，T建设监理公司每年都要在半年和年终员工大会上，大张旗鼓地表彰廉洁自律的先进典型，让员工们接受心灵的洗礼，进行

扶正压斜的正能量宣传教育。公司每个月都要定期召开一次总监会，坚持会前讲廉十分钟，强调项目总监在廉洁自律方面发挥示范带头作用，看管好各自的“一亩三分地”责任田。每当新员工进入公司后，都要进行廉洁自律警示教育、规章制度宣贯，培训的重要内容之一就是监理职业道德教育及公司有关廉洁从业的规章制度宣讲。公司每年还会举办一系列廉洁教育专题培训，凡是上级纪委、T 集团纪检监察部门举办的国企员工廉洁自律宣传教育活动，公司都会组织员工踊跃参加。公司非常重视发挥共产党员、共青团员、党员积极分子在自律建设中的先锋模范作用，通过建立党员先锋岗来进行廉洁自律工作的示范、宣传、带动。多年来，公司党工团组织在民主生活会、学习会中，积极开展廉洁教育和批评与自我批评活动，取得了较好效果。

4. 公司与政府管理部门方面：T 建设监理公司利用自身优势，与当地党委纪委、T 集团纪检监察部门联动，在工程重点施工环节或主要节假日期间，组织施工单位负责人和工程承包人召开座谈会，开诚布公地强调守法诚信的重要性，并协助解决施工方存在的实际困难。

近年来，M 市建设局试行了建设工程项目人员指纹考勤办法，T 建设监理公司积极配合，积极主动抓好施工项目部人员的考勤管理。通过这一办法，促使施工单位管理人员到位履职，较好地解决了投标承诺人员与实际到位人员“两张皮”的现象，强化了项目经理的责任意识，同时也有效改善了项目监理机构与施工项目部之间的工作沟通问题。

为达到标本兼治的效果，T 建设监理公司还向主管部门建议，在工程招标文件和施工合同中，加入守法诚信施工的奖励措施以及违法违纪的处罚条款，从源头上降低产生道德风险的概率。

## 四、结束语

实施工程道德风险的防范措施，一方面能够进一步规范监理企业的管理，同时起到降低工程承包人对不合理利润预期的警示教育作用，部分不良工程承包人由此会望而却步、知难而退，从而净化当前建筑市场的浑浊之气，给工程建设领域增添新鲜“氧吧”，增加积极可靠的力量保障。另一方面，实施工程道德风险的防范措施，无疑也会在一定程度上增加建设监理企业的人力资源成本和必须相应投入的设备设施成本；监理企业着眼工程建设大局给予理解支持，相对也殷切期望各级建设主管部门能制订政策，适当提高监理取费标准，并且也获得业主方的大力支持。

实践证明，经过多年的摸索和实践，T 建设监理公司在防范工程道德风险方面，探索积累了较为丰富的实践管理经验，所监理的工程道德风险已经明显地减少。对此，公司将不断加以总结改进，并加大宣传力度，使全体员工了解和掌握防范要点，争取施工承包方更多的理解支持和行动配合，从而创造出更加和谐的工程管理环境，使得监理工程师有更多的时间和精力专注于工程的质量安全管理，营造工程管理现场紧张、和谐、清新的气氛。

# 协调—— 一个从未被搬上桌面的监理内容

河南科扬建设咨询监理有限责任公司 夏雪峰

**摘 要**：本文讲述了监理任务中协调的概念和协调的手段，并结合笔者经验介绍了几种常见的协调，最终达到让“协调”能为监理人所用的目的。

**关键词**：协调 协调误区 管理协调 技术协调 危机协调

二十年前国家全面实行监理制正式提出了监理概念，明确监理内容是“三控两管一协调”，一直到2013年新版监理规范重新定义监理概念变为“三控两管一履约，一协调”。协调从未离开我们的视线，“只因在人群中多看了一眼，从此没能忘掉你容颜”。一晃二十年了，协调我们虽然未曾甩掉，却又有几人能记住它真正的容颜。因为提起协调我们似乎都有很多话写，却又什么都写不出。2000年和2013年版的《监理规范》提了一句；在术语解释“工程监理”只是捎带说明，而正文只字未提。作为一个从业二十年的监理人员，我今天要把它搬上桌面，让这个似乎讳莫如深的监理任务（方法）浮出水面，真正让我们每一个人，了解它、用好它，从而为我们的监理工作助力。

## 一、协调的定义

那么究竟什么是协调呢？协调监理似乎每天都在做、都在用，却很难定义，为此笔者专门查阅了有关资料。协调，英文翻译为coordinate这种解释可能更贴近我们的汉语“和谐”，是一个名词；还有一个动词解释，bring into line这个直译更简单，“把什么弄到一条线上”这个似乎更像我们汉语的解释：正确处理组织内外的各种关系，为组织正常运转创造良好的条件和环境，促进组织目标的实现。而我们监理所说的协调又是什么呢？笔者结合注册监理工程师培训教材和日常实践，觉得监理所说的协调这样定义或许更贴切：通过利用各种科学手段，在不违背有关政策法规的原则下，处理好监理单位内部，以及施工单位、建设单位、设计单位、材料供应单位、政府主管部门等各方参与建设的关系，以促进监理目标的实现。

## 二、协调常见的理解误区

了解了协调的定义，就不得不说说我们日常对协调理解的误区了：

误区一 协调就是请客吃饭，没有技术可言的行为艺术。

一说到协调，就有很多同志会本能想到请客吃饭，因为日常工作中我们经常会听到“下属抱怨什么事没有协调好，老板就会说请他们吃顿饭不就好了”时间久了，协调就成了请客吃饭，甚至送礼的代名词了，其实这是我们的一个误区。沟通交流是协调的一个手段，是面对面把我们的真实想法传达给对方，通过双方协商最终解决问题，绝不是请客吃饭，更不是腐败的借口。

误区二 协调是没底线的，为了达到目的可以丧失原则。

我们在日常工作中经常会看到，有些监理人员不能认真学习专业技术规范，误解协调的意义；工作的目标就是糊弄好各方，无原则降低标准，丧失监理立场。没有技术支撑和标准规范、约束的协调，那是和稀泥而不是协调。

误区三 协调对象只是施工单位，忽略了与建设单位、监理单位内部以及主管部门的协调工作。

因为监理工作日常更多的是协调与施工单位的关系，监督和处理施工单位按照施工合同履约，所以也就会本能地忽略了与建设单位以及主管部门的协调。然而结合近年来监理实践，发现影响监理最终效果的原因，已经逐渐由前期的施工单位不规范行为逐渐转变到建设单位，像以下情况的发生，现场比比皆是：开发企业为了节省成本，擅自降低建设标准，甚至违背国家强制性条文的指令（改变保温节能标准，取消消防、人防设施等）；政府投资的公共项目业主，前期对设计方案不认真考量，后期为了方便使用随意改动方案，这些因素不但会成为监理目标实现的绊脚石，同时也会给监理带来了很大的风险（监理很大一部分被主管部门处罚的原因都来源于此），理解建设单位整体建设意图，尽早获悉建设单位的一些不当变更意图，加强对建设单位的规范宣传和擅自变更带来的费用增加的风险沟通协调，有助于监理工作顺利进行。

## 三、协调的手段

我们又有哪些有效的沟通协调手段？随着科技的发展，现场的协调手段也是越来越多，从最初的书面指令，当面交谈，会议沟通到如今的视频会议，QQ 和微信的沟通。尤其微信群便捷、直观、大容量（能传输较大文件）越来越被监理企业广泛应用，但由于最高人民法院的司法解释对微信的表达效力还没有明确认可，所以笔者还是要提醒监理人员在利用好微信这个便利平台的同时，对于重要决议一定要下载打印签字确认，为日后留存有效证据。

## 四、几种常见的协调方式

我们的监理工作都需要协调什么？按照协调关系远近的分类分为内部关系协调和外部关系协调，按照协调对象的不同也有很多分类，在这里笔者日常最常用的三种协调管理，它们分别是管理协调、技术协调和危机协调。

管理协调是一门熟练运用管理学的艺术，它涉及管理学、组织学、公关礼仪等很多学科。如何能对项目监理部有效的管理，减少组织内耗，最大程度发挥内部成员积极性是每个总监需要考虑的主要内容，笔者结合近年的一些工作经验总结如下几点：

1. 合理组建监理机构人员。监理机构一定要精练，人员安排上要量才使用，在工作委任上要职责分明，不能出现人浮于事、影响竞争的情况。

2. 建立良好的激励机制和有效的奖惩制度，绩效评价要实事求是，奖惩分明。

3. 及时了解监理人员动态，特别是心理变化，及时排解负面情绪。这一点非常关键，大家熟知监理行业常常在高危环境下工作，如果我们监理人员带情绪工作，轻则影响与各方的沟通，重则影响自身的安全。

4. 做好后勤保障，使项目部人员能够安心工作。笔者曾经经历过一个监理项目，人员派驻很多，但监理效果不好，业主投诉时有发生。业主经常要求监理公司增派人员，监理内部意见也很大，于是就对整个项目监理部进行了全面分析，发现项目部内耗严重，激励奖惩不到位，大部分人员不能真正发挥自己的潜能，反而带情绪工作针对此情况公司进行了人员优化，并与建设单位进行了一次有效沟通，不仅没有增派人员而且撤掉了一些可有可无的人，重新梳理了监理相关考核制度，在这之后项目不但再没有被建设单位投诉反而取得了很好的监理效果。

技术协调是我们每个监理人员，特别是总监理工程师必须掌握的一门技能，它在我们日常工作中非常普遍：小到一次质量安全问题的处理，大到业主的一次不规范的变更，工程出现较大质量问题的分析、安全论证，等等。这些每天都有可能发生，有的通过监理通知单就可以解决，有的则需要总监理工程师组织召开专题会；专题会是展现和宣传监理专业服务水平的平台，我们要做好以下几点：

1. 做好会前准备：选好参会人员，做好会前调查，列好会议议程和足够详细的资料准备（笔者曾经参加一个公安小区地下室渗水的分析会，作为刑侦干警出身的业主，竟然收集了一个月来小区渗水的动态数据，并制成了详细的图表发到了我们每一个专家手中。他们用刑侦分析的方法把这些图表进行了排除归类。公安干警这种事前缜密侦查的做法很值得监理行业学习），为了提高会议效率，会议议程和前期调查资料提前送至参会人员。

2. 安排好会场，确保与会人员参会舒畅，尽可能使用多媒体展示，动态与照片结合演示。

3. 做好会议主持，使得每一个参会人员都能够畅所欲言，有些时候参会人员因为谨慎会慎于发言，做好引导启发就成了主持人重要工作。

4. 安排好会议记录人员，善于根据每个人的发言提炼要点，同时要有自己独立的见解，遇到违背原则且没有替代方案的要敢于说“不”。

5. 形成决议及时落实。技术协调的目的不只是分析问题，更是解决问题。对于需要多次技术会议解决的疑难杂症，要经常把会议决议落实情况及时反馈给参会人员，让参会人员时刻掌握动态变化，为下次技术协调做好准备。

危机协调尽管不常遇到，但每一次临危受命都将是关乎企业声誉和合同履行成败的关键，做好了也是一次彰显监理服务水平的机会，怎么才能应对这种危机协调呢?

1. 反应要快，尤其建设单位出现信任危机后，协调时效性的重要性此时更为凸显，拖拉只会使问题复杂化，建设单位更加情绪化。

2. 要敢于正视问题、不护短，自己的错误一定要勇于承担，客观面对。

3. 发现问题要科学解决，建议中肯，措施得力。

4. 处理完成要内部总结，汲取教训，对内部人员有处罚的要展示给对方。笔者曾经监理的一个项目就经历了很大的信任危机，因为前期设计不合理和施工单位有质量瑕疵造成一个小区室外主管道大面积渗水，建设单位非常生气，第一时间就通知了我们，接到建设单位通知后，我们反应及时，迅速成立了以公司技术负责人为组长的应急小组，通过使用相关仪器科学检查，给建设单位全面分析了事故的原因，并提出了一个合适的处理方案，征得了建设单位的同意，还结合此事件对建设单位后续开发的小区项目（尽管不是我们监理服务范围内的项目）提出了建议，并免费按照处理方案派驻了监理旁站人员，事后建设单位对此次事件的处理非常满意，不但没有追究监理的责任，还将后续的监理业务委托给了笔者的监理公司（笔者曾就此事撰文《正确面对危机，或许我们能赢得一次机会》）。

有时上述三种协调会重叠出现，我们作为监理人员一定要善于利用自己的协调手段，抽丝剥茧，找到事物本质达到我们协调的目的。

## 五、结束语

协调是一门艺术，人类诞生它就出现了，我相信每一个监理人通过充实专业知识和完善管理素养，一定会让这门艺术在监理行业结出硕果。通过这篇文章粗略介绍了我对协调的理解和感悟，也希望通过这篇文章，让协调不再是一个只能意会不可言传的监理手段，而是真正能在工作学习中运用、总结、归纳，让协调成为我们监理得力的工作助手。

# 公路监理行业现状分析及建设管理体制改革对监理行业影响探讨

西安公路交大建设监理公司　李均亮

20 世纪 80 年代中期，随着公路建设投资改变，引进外资，伴随着举借外国政府、世界银行、亚洲银行贷款而来的菲迪克合同条款、工程监理制度等在中国大地生根发芽，交通建设行业成为全国推行工程监理制度最早的行业之一。早期或照搬西方做法、或结合项目特点进行中国特色小步试点，经过十多年的监理工作实践，已逐步建立起监理法规体系。1997 年《中华人民共和国公路法》和《中华人民共和国建筑法》相继颁行，确立了公路工程监理的法律基础。

一、公路工程监理制度是有根基的。第一，上文中两部法律是公路工程监理制度的基点。第二，国际上进来的是咨询工程师，到了国内就分解为几个建设管理部门的监理工程师和国家发改委的咨询工程师。因此国际上没有独立的工程监理行业和注册监理工程师执业资格，工程监理制度是中国改革开放的产物，有着鲜明的中国特色。改革开放后，全国整个就像一个工地，建设规模大、发展快，面对这种特殊情况，如何保证建造阶段工程质量和安全就成了政府和社会热切关注的问题。为化解现实存在的矛盾，政府主管部门设置了施工阶段工程监理，公路行业也阶段性地突出了施工阶段监理，很长一段时间公路工程监理制度的基点是施工阶段监理。

二、公路工程监理制和监理行业对交通事业高速发展、保证交通建设质量、保障交通建设参与各方的利益和社会效益作出了巨大贡献，历史和现实作用不可否认，功不可没。中国公路通车总里程 1990 年是 102.83 万公里，到 2015 年末是 457.73 万公里；高速公路 1984 年起步开工建设，1989 年第一条高速公路建成，到 1998 年也仅 8733 公里，2015 年末，全国高速公路里程 12.35 万公里。公路通车总里程净增加近 355 万公里，其中的一、二、三级路大部分都有工程监理工作者的身影，十几万公里的高速公路更是每公里都有监理工程师在工作。从 2010 年起，高速公路统计口径多了一个车道里程，部分反映了这几年高速公路的改扩建工程，折算下来每年有 1500~4000 公里在改扩建，这些工程施工技术难度大，施工期间保持交通，管理和协调工作复杂、敏感，监理工作安全责任重。面对这么繁重的任务，公路工程监理这个新兴行业的工作者，与设计单位商榷、与业主全面协同、与施工单位争执与帮衬、与检测单位密切配合或自己检测、与建设参与各方共同完成了诸如规模世界第一的秦岭终南山隧道、36 公里的杭州湾跨海大桥等名列世界前茅的工程。经过这二、三十年的发展，中国高速公路的建设、管理、监理、设计能力应该说在全世界都是领先的。监理队伍在边工作、边学习中作出了巨大贡献，自己也成长起来了。

三、公路工程监理只能加强，不能削弱。目前我国公路建设仍然处在高速发展时期，公路建设施工阶段工程质量仍然是政府交通管理部门和社会关注度极高的热点，需要加强工程监理来保证工程质量和安全。当前公路建设市场虽已市场化，但不充分。在目前社会诚信缺失的情况下，若削弱工程监理这个交通建设市场不可或缺的市场主体，工程质量事故发生的概率会增大，且一旦出现事故，结果不可逆转，后果难以估量。政府交通管理部门领导下的——业主、监理、施工三方交通建设市场主体三足鼎立，不能有一足软弱或缺少一足。

**四、**笔者认为，2015 年 4 月《交通运输部关于深化公路建设管理体制改革的若干意见》（以下简称《若干意见》）再次弱化了社会监理，有政府文件与上位法隐性冲突之嫌。《中华人民共和国公路法》第二十三条：公路建设项目应当按照国家有关规定实行法人负责制度、招标投标制度和工程监理制度。《中华人民共和国建筑法》第三十条：国家推行建筑工程监理制度。国务院可以规定实行强制监理的建筑工程的范围。国务院《建设工程质量管理条例》第十二条中下列建设工程必须实行监理：（五）国家规定必须实行监理的其他工程。《建设工程监理范围和规模标准规定》第七条内容中：国家规定必须实行监理的其他工程是指：（2）铁路、公路、管道、水运、民航以及其他交通运输业等项目。从以上法律法规可以看出，政府建立强制性工程监理制度是囊括了所有关系到民生和公众利益的工程项目，公路建成后的公共属性就是公路工程无论等级高低、投资主体是哪方都是关系到民生和公众利益的工程，必须强制实行社会监理。而《若干意见》中：按照项目的投资类型及建设管理模式，由项目建设管理法人自主决定工程监理的实现形式。特别是自管模式，尽管也请监理人员，但监理人员的归属是业主，执业难免有所倾斜，有失公允。《若干意见》中：明确监理定位。工程监理在项目管理中不作为独立的第三方，监理单位是对委托人负责的受托方，按合同要求和监理规范提供监理咨询服务。引进监理制度时，监理是公正的第三方，因此才有服务性、科学性、独立性和公平性等特质，如果变成是对委托人负责的受托方，独立性和公平性就会削弱甚至消失。

**五、**关于公路工程监理体制管理和市场建设理论二三十年来有些探索、有些成就，但没有完全建立；基础性理论研究工作一直以来比较薄弱，市场规律掌握有限，市场秩序管理粗放，导致一些问题存在。

（一）顶层设计摇摆不定、工程监理在项目管理中是作为独立的第三方还是受托方？《公路工程施工监理规范》（JTJ 077–95）目录前所附《公路工程施工监理规范》常用名词术语：18 工程变更：工程在实施期间，监理工程师根据合同规定对部分或全部工程在形式上、质量上、数量上所作的改变。19 工程延期：工程在实施期间，监理工程师根据合同规定对工程期限的延长。22 费用索赔：根据合同有关规定，业主或承包人通过监理工程师向对方索取合同价格以外的费用。第 2.4.6 条，监理工程师与业主的关系：监理工程师与业主应签订监理合同，二者是被委托与委托的关系，应做到各负其责，独立工作，相互尊重，密切合作。通过以上名词术语和条文可以肯定当时监理在项目管理中作为独立的第三方。《公路工程施工监理规范》（JTG G10–2006）第 5.6.1 条工程变更：施工单位要求工程变更时，应提交变更申报单，报监理工程师审核，按施工合同要求须有建设单位批准的隐蔽工程的变更，还应会同建设、设计、施工等单位现场共同确认；建设单位要求工程变更时，监理工程师应按施工合同规定下达工程变更令。变更费用应按施工合同约定计算，合同未约定的应由合同双方协商确定。第 5.6.2 条工程延期：监理工程师应对符合合同规定的延期意向或事件做好现场调查和记录，在施工单位提出正式延期申请后，对延期原因、发展情况、结果测算等资料进行审核并报建设单位。第 5.6.3 条费用索赔：监理工程师应对施工单位提出的符合合同规定条件的费用索赔意向和申请予以受理，对索赔发生的原因、发展情况、结果测算等资料进行审核。审核后应编制费用索赔报告建设单位。三条的核心都是报告建设单位，工程监理单位变成对委托人（业主或建设单位）负责的受托方了。《若干意见》及《公路工程施工监理规范》（JTG G10–2016）延续了受托方的观念，背离了引进工程监理制度的初衷。

（二）资质管理不健全。

1. 监理企业资质管理审批草率，监管几乎空白，只有一年一度的信用评价、两年的年检；门槛低、要求注册人数少。截止截至 2015 年 4 月 9 日交通部批准的有公路工程监理资质（甲、乙级及专项资质）的企业 647 家，加上各省级权限内批准的丙级企业 310 家左右，共计近 960 家。笔者根据国家交通运输部公告（2011 年 第 23 号）（2012 年 第 15 号）对 2010 年度、2011 年度通过考试的监理工程师和专业监理工程师人数做过统计：2010 年监理工程师通过 4094 人，其中新增 1125 人，升级 2451 人，增项 518 人；专业监理工程师 4186 人，其中新增 3515 人，增项 671 人。增项不增加人数不考虑，两个新增减去升级的就是纯增加 2189 人。2011 年监理工程师通过 2879 人，其中新增 861 人，升级 1621 人，增项 397 人；专业监理工程师 3484 人，其中新增 2985 人，增项 499 人，纯增加 2225 人。从 2004 年开考，2008 年停考一年，到 2014 年刚好 10 年，可以推算出监理考试通过约二万二千余人，加上前面评审 12 批，和试点考试的 13 批约一万三千余人。这些取得资质的人，特别是评审差不多有一半是学校、科研所、设计院的，他们在职期间是不会真正参与监理工作的。把三万五千余人平均分配到 960 家企业，每家只有36、37人，扣除掉不参与监理工作的，实际上每单位有监理工程师30人左右。《公路水运工程监理企业资质管理规定》2004年6月公布，2014、2015年两次修改，仍然只要求持证甲级30人、乙级18人、丙级8人，确实门槛不高。

2.人员入行学历要求低，经历经验要求简单；考试不考监理，都是大土木行，竟然还考专业课；注册六个月后就可以注销，造成无序流动。国外对监理工程师学历方面要求高，大部分具有硕士或博士学位，能占到50%~70%，且对经历和经验有特别要求。如新加坡就要求个人有且8年以上设计经验；英国咨询工程师协会要求入会者年龄38岁以上，同时实践经验丰富。我们要求最低学历中专，从事技术工作12年，年龄有高限小于65周岁。监理工程师考试要考7门：监理理论、工程经济、合同管理、道路与桥梁、隧道工程、机电工程、综合考试，把监理要进行的质量、进度、投资控制裹在监理理论和综合考试里。专业监理工程师三门便可。《公路水运工程监理工程师登记管理办法》第十条：自从业登记审核通过之日起，省级质监机构6个月内不受理同一监理工程师的从业登记注销申请。半年时间一个项目肯定干到半途或刚刚开始，可监理工程师注销离开了，你说这种流动是有序的吗？

（三）合同监理工程师形同虚设，无变更权限，无工期延期权。由于是发包方市场，承包人忍气吞声不敢索赔，有几个胆大索赔的，监理是受托方角色，审核后只能递给业主，几乎没有成功的；后果是投资超预算，工期超合同约定。变更权不赋予监理工程师，业主自己捏在手里。很多省份的项目都是大业主，而真正实际操控项目管理的往往是刚刚走出校门招聘进来的小年轻。能否变更心里没底，就先来一个缓兵之计，搞“设计变更会签单”，一单维系知会各方，变更就堂而皇之开始实施了。时过境迁，才来处理变更，有时通车都一、二年还未处理完，造成投资超出预算。进而削扣承包商，有时连利润都没有了，甚至赔钱。前期工作不够、设计不深，不是征迁不到位，就是图纸迟迟发不下来；结果不仅工期不延长、增加投入赶工，还拿不上赶工钱，索赔无门。市场三方主体，业主一方独大。

（四）监理企业体小量大；执业监理工程师人员总数不足、现有人员结构不合理。工程监理的定位是高智能的技术管理服务，监理企业如雨后春笋般地急剧增加并升级，从而导致具有执业资格人员均布于各个企业，陷于低端的事务性服务中，哪里还能体现出高智能。前文提到监理工程师和专监人员三万五千余人，而通过交通部监理业务培训的可任监理员的十一万五千余人，前者多来源于设计、勘察、施工、院校、基建管理等部门退休的工程技术人员，实践经验丰富，年龄偏大，知识更新停滞；后者是近年来大专院校毕业生，缺乏实践经验。缺少年富力强、既有专业知识又有实践经验，且熟悉监理工作的中青年骨干。用最通俗话形容就是“爷爷和孙子”。

（五）工程监理行业与试验检测行业关系理不清。公路水运试验检测工程师从2006年就开考，现在已经成为国家职业资格，经2015年修订的《公路水运工程监理企业资质管理规定》规定企业各类专业技术人员结构中还包含试验检测专业，还要求企业拥有材料、路基路面等工程试验检测设备和测量放样等仪器，具备建立工地试验室条件。既然试验检测行业已经析出，就让其就业于“检验科”，不要既出检验报告，又当“医生”“开处方”，把“开处方”的权利还给监理工程师；何况2010年笔者过渡考试通过后要发合格证时，把专业监理工程师的试验检测专业变为公路与桥梁专业。试验检测专业企业资质要求里有，实际未设，又是理不清。

（六）长期以来，监理取费偏低已严重制约了工程监理行业的健康发展。1992年国家物价局和建设部发布的监理费标准，两种方法；一种按所监理工程概（预）算的百分比计收，分7档取简单平均值是概（预）算的1.436%，另一种按照参与监理工作的年度平均人数计算：3.5~5万元/人年。这在当时是奢侈的，当年职工年平均收入2711元，4.25万元（平均值）刨去公司各种费用，剩余40%用来发监理人员工资17000元，是同类人工资的3~4倍，确实体现高智能。到2007年，15年过去了，当年职工年平均收入24932元，此方法就执行不下去了。2007年国家发改委和建设部发布的监理费标准，只有一种方法，铁路、水运、公路、水电工程的施工监理费按建筑安装工程费分档计费方式收费，分16档取简单平均值是建安费的1.172%，公路工程建安费差不多占概算75%，则监理费不足概算的1%，2007年标准的监理费更低了。招标时业主往往再搞一个最高限价，几乎接近监理成本水平，无利润。监理企业为了控制成本，会导致监理服务工作不到位，业主不满意；监理人员待遇低，付出与回报不对等，无奈跳出监理行，监理个人不满意；监理企业积累不足，甚至难以为继，更谈不上进一步发展，做大做强，监理企业不满意；监理行业的整体发展受到制约，那就成了国家不满意。

**六、**面对诸多客观和主观的原因，尽管引进时以及首版《公路工程施工监理规范》（JTJ 077-95）（现行 JTG G10-2006）明确工程监理在项目管理中作为独立的第三方，即社会监理。但是执行中已经走样，一直没有形成独立于业主和承包商之外的、维护双方利益的完全意义的社会监理，现在行业主管部门明确强调：工程监理在项目管理中不作为独立的第三方，这个行业就纯粹成了业主的“挡箭牌”，还有前景吗？不！社会主义市场经济不能缺少监理行业，那我们要怎样做呢？

（一）恢复工程监理在项目管理中作为独立的第三方典型特质，虽然我们不能完全照搬西方模式，但也不能让它的典型特质消失。前文已经述及在作为独立的第三方定位中，由于受计划经济的影响，业主对自己出资建设的项目将“管”“控”大权交于他人处理一下子难以接受；管理观念老旧，认为监理是受自己的委托来进行工程监督的，承包商是付钱请来完成施工任务的，两者都是自己的雇佣，不能接受业主、监理、承包商“三足鼎立”的局面，这样下去监理成了业主在现场的“施工监督员”，与刚引进监理制度时相比，相去甚远，监理行业基本沦为鸡肋，或者说更像聋子的耳朵。若再不恢复，将影响工程建设的正常开展，威胁工程质量。

（二）资质管理：企业管理，大大提高甲级资质及各类专项资质的注册人数，在百人以上，合理要求人员专业结构，特别建议增设施工机械监理工程师专业岗位。特大桥工程、路面工程机械多，试验工程或首建工程，经常有一个目标就是机械组合，所谓机械组合，狭义组合指哪类机械多少台；广义组合除指哪类机械多少台，还有某类机械技术参数调整到何值范围，效果最好。比如振动压路机、摊铺机熨平板的频率与振幅。避免闹出水泥稳定混合料二次拌合的笑话，拌合机既然能定型生产，也就是说拌合效果肯定合格，否则应加长拌缸行程再定型，而绝非一次拌合、二次拌合概念。笔者所在某项目竟然要求从一个拌缸出来之后，再进另一个拌缸继续拌合，而且这样的行为竟然是某国字号单位的质量措施。人力资源说三点：学历提高到本科；经历要求设计若干年、施工若干年、监理若干年，不要笼统多少年；监理考试将七门合并为概论、合同、三控制、综合或实务四门；从业登记提高到两年内不得注销。

（三）赋予监理合同管理权限。目前施工阶段，监理工程师的全面职责是施工监理和合同管理，二者相辅相成，缺一不可，不应片面理解为质量监督。就拿变更设计来讲，目前建设工程项目急剧增多，个别仓促上马，难免前期工作不足，设计周期不够，造成了更多的设计变更；业主疲于应付前期审批，土地环境协调，点多面广战线长，缺人手精细审查设计变更，处理变更粗放，往往造成投资额外增加，甚至二次设计变更。而监理工程师身处第一线，相对管理工程区间小，能够精确地处理变更，实际上有助于投资节约。承包商在商言商，肯定计算成本，合理的延期和索赔，才能保证工程质量，否则有可能驱使承包商被迫偷工减料。再说索赔是双向的，业主通过监理也可以向承包商索赔。

（四）监理行业的发展方向，企业趋向体大量小，走向完全的高智能；人员高端人才济济，资质结构合理。这只有通过资质管理，政策引导来实现。像当前这样现有持证执业工程师均布于各企业，除去公司领导层、中层及各部门骨干，剩下还有几个能被派出到工地组建现场监理机构的？极有可能让手拿培训证的监理员充任工程师角色。招标一般要求监理机构监理员约占总人数30%，现实11.5万监理员占总监理人数75%还多，需求与供给相差太悬殊，也要进行“供给侧”改革。

（五）既然把试验检测行业拿出来了，就给监理和检测分工，不在监理资质里要求监理公司配备试验检测设备。工地设一、二级监理机构，监理机构内部不再设工地试验室，业主单独招标综合试验室，监理出检测通知单，试验室检测并将结果发送监理，仅在一级机构和二级机构的驻地办设试验工程师或试验协调联络人。

（六）提高监理取费标准。2007年颁布的监理取费标准也快十年了，应该调整了，希望在新颁标准中大幅提高监理费，监理企业有积累，才能提高人才的薪酬，留得住高端人才和特殊人才，监理行业才能走上健康发展的康庄大道。彻底改变监理与施工人员收入倒挂现象，追上国外咨询工程师收入数倍于同类技术人员的水平。

**七、**结语。工程监理行业的建设和改革是一个系统工程，涉及有关法律法规的进一步完善和有关部门的协同配合。必须从顶层设计入手，从源头解决问题。以是否有利于工程监理制度的健康发展、切实发挥监理作用为目标，从而实现保证建设工程的质量和安全为最终目的。身处监理行业，为当前行业现状而思考，有感而发，借以抛砖引玉。

# 建筑设备安装监理质量控制要点

浙江江南工程管理股份有限公司　江尧桐

**摘　要：**建筑设备顾名思义是现代建筑需要安装到位的可使用设备，包括电梯、自动扶梯、通风空调设备等，为了满足人们的生活需求而装配。因此确保建筑设备的安全可靠运行就特别重要。本文主要从建筑设备安装监理基本控制程序、质量控制要点、检查动态设备试运转三个方面，提出监理控制要点，供同行们参考。

**关键词：**建筑设备　找正调平　控制要点

## 一、监理基本控制程序

检查施工单位施工准备情况→设备基础验收及处理→现场开箱检验→旁站吊装就位→找正调平并且固定→基础灌浆、抹面→配管配线→检查动态设备试运转→签署验收意见。

## 二、监理质量控制要点

（一）检查施工准备情况

审批施工方案及材料、设备采购计划及审核特殊工种上岗证书，检查施工器具，施工技术措施是否可行。

（二）验收设备基础及处理

组织土建、安装单位进行设备基础验收。检查基础外形尺寸和表面质量，核查基础表面平面度、标高、十字中心线，做好安装基准线；核查预埋地脚螺栓的顶部标高、螺栓垂直度、螺栓间距等尺寸参数，检查螺纹和螺母是否保护完好。

1. 需要二次灌浆的基础表面，须铲出麻面，麻点深度一般不小于 10mm，密度以每平方米内有 3~5 个点为宜，表面不允许有油污或疏松层。

2. 把垫铁部位的表面凿平，使其表面水平度允许偏差为 2mm/m。螺栓孔内的碎石、泥土等杂物和积水，必须清除干净。

（三）现场开箱检验

组织设备供应商、施工单位到场开箱检验设备。为避免二次搬运，大型设备直接在安装现场卸车，安装时再开箱检验。

对照装箱清单核对设备名称、规格、型号及数量；检查随机技术资料及零配件是否齐全；外观检查设备是否完好无损；核对设备的主要安装尺寸与工程设计是否相符。检验后及时记录、签证。暂不安装的设备及其零配件、专用工具，尤其易损件，采取防护措施，妥善保管，严防受损、丢失。

（四）旁站吊装就位

1. 检查施工单位的吊装机具及吊装方案：小型设备直接采用叉车、万向运输车或吊车使其就位；位于建筑物内的桥式起重机及其他设备，可利用构筑物挂倒链（应征得设计的同意）或利用临时桅杆，也可运用吊车配合使设备就位。建筑物内的小型设备可以采用其内的桥式起重机直接吊装就位。起重机必须经过试运转合格后方能使用；大型设备可运用吊车使其就位。

2. 根据现场施工条件，协调设备供货时间，妥善安排吊车进、出场。设备运输吊装注意事项：设备运输、吊装遵照相关的规范进行；捆扎设备必须牢固可靠。使用的吊索具必须有效，完好无损。钢丝绳等严禁露天放置；严禁以小吊大。严禁在雨天、雾天及风力大于6级的天气吊装作业；所有的起重工作由持证上岗的起重工担当。作业过程中必须由有指挥经验的起重工统一指挥。

3. 设备就位前，设备支架必须制作安装完成，并使表面平面度达到1mm/m；同时，必须核对设备底板地脚螺栓孔间距是否与基础预埋地脚螺栓或设备支架螺栓孔间距相符。

（五）找正调平

1. 根据安装基准线调整设备的安装位置及标高，并检测此状态下的水平度，垂直度。

测量垂直度采用线锤或经纬仪。测量较高设备的垂直度时，须在设备固定之前进行，在相互垂直的方向上，运用两台经纬仪同时检测。当垂直度调整在其允许偏差范围内时，便可卸钩，固定设备。

2. 设备找正调平通常通过垫铁组来实现，垫铁组使用放置严格按规范进行。一般采用两斜一平（斜垫铁配对使用，斜度宜为1/10~1/20；平垫铁与斜垫铁配套使用），一般不超过四层。垫铁组高度一般为30~70mm。垫铁放置时须与基础接触均匀，接触面不小于50%。垫铁组顶面标高与设备底面实际安装标高相符。

3. 设备调平后，每组垫铁均要压紧，并用手锤逐组轻击听音检查。承受重负荷、有较强连续振动或直接固定于钢结构框架上的设备，须使用平垫铁。根据设备的特性，可以运用坐浆法放置垫铁，使设备找正调平。安装在钢结构支架上的设备调平后，其垫铁均与支架用定位焊焊牢。

4. 设备采用减震垫铁调平，须符合下列要求：基础或地坪符合设备技术要求；在设备占地范围内；放置减震垫铁的部位须平整。减震垫铁按设备要求，采用无地脚螺栓或胀锚地脚螺栓固定。设备调平时，各减震垫铁的受力基本均匀，在其调整范围内留有余量，调平后将螺母锁紧。采用橡胶型减震垫铁时，设备调平约10天后，再进行一次调平。复检时不得改变原来定的测量位置。

5. 基础灌浆、抹面、预留地脚螺栓孔或设备底座与基础之间的灌浆。预留孔灌浆前，灌浆处应清洗洁净；灌浆宜采用细碎石混凝土，其强度比基础或地坪的混凝土强度高一级。灌浆时应捣实，并不应使地脚螺栓倾斜以至影响设备的安装精度。当灌浆层与设备底座面接触要求较高时，宜采用无收缩混凝土或水泥砂浆。设备灌浆前用定位焊焊牢垫铁组。抹面采用细碎石混凝土，其强度比基础或地坪的混凝土强度高一级。

## 三、检查动态设备试运转

（一）设备试运转前设备及其附属装置、管路等均全部施工完毕，施工记录及资料齐全。需要的能源、介质、材料、施工机具、检测仪器、安全防护设施及用具等均符合试运转要求。设备的润滑剂均已按技术文件规定的要求更换、加注完毕。

（二）设备试运转内容包括：电气（仪表）操纵控制系统及仪表的调整试验。润滑、液压、气（汽）动、冷却和加热系统的检查和调整试验；机械和各系统联合调整试验；空负荷试运转。

（三）设备空、负荷试运转及验收

1. 检查、实测和记录试运转内容：技术文件要求的轴承振动和轴的窜动不超过规定；传动皮带不打滑，平皮带跑偏量不超过规定；润滑、液压、气（汽）动等各辅助系统工作正常，无渗漏现象；各种仪表工作应该正常。运行后检查各处密封情况应无渗漏。

2. 空、负荷试运转结束后的工作：关闭电源和其他动力来源；进行必要的放气、排水或排污；对设备几何精度进行必要的复查；各紧固部分进行复查；拆除调试中临时装置；清理现场及整理试运转的各项记录。

3. 工程竣工验收并签署验收意见：

按照各类设备安装工程施工及验收规范进行工程验收，并办理工程验收手续。工程竣工验收之前，审批整理好各项安装工程资料。

## 四、结语

近年来，高层和超高层建筑、大型商城、体育场馆越来越多，对建筑设备的需求越来越大。但由于建筑设备的安装检测不到位，使用过程中出现故障时有发生。因此，作为建筑设备的安装监理工程师在建筑设备的安装过程中质量及安全控制尤其重要，希望本文在建筑设备安装监理工作中起到一定的积极作用。

参考文献：

《建设工程监理规范》（GB/T 50319—2013）

# 谈我国工程建设监理行业的现在与未来

中咨工程建设监理公司　杨志强　田志

摘　要：本文着重阐述了我国工程监理行业的现状及存在的问题，并对工程监理行业的未来发展提出了建议与措施。

关键词：工程建设监理　现状　问题　建设与措施

工程建设监理是指具有法人资格的监理单位受建设单位的委托，依据有关工程建设的法律、法规、项目批准文件、监理合同及其他工程建设合同，对工程建设实施的投资、工程质量和建设工期进行控制的智力密集型的社会化、专业化的技术服务。我国从20世纪80年代末引进、推行工程监理制以来，工程建设监理行业得到了快速发展。监理行业在保证工程项目建设质量和进度、有效控制建设项目投资等方面发挥了巨大的作用。目前，几乎所有的大中型建设项目都实行了监理制。

目前我国的建设监理行业已经达到产业化、规范化和国际化的程度，工程建设监理行业已经成为建设工程领域的重要组成部分。截止到目前，全国近300个城市推行监理制，工程建设监理行业资质从业人员近100万人，具有法人独立资格的工程监理资质企业20000多个。

## 一、当前我国建筑工程监理面临的问题

经过30年的努力，我国建设工程监理行业取得了长足的发展，行业规模、监理工作管理水平得到了显著提高，工程监理制度的推行取得了一定成效。但是，目前我国工程建设监理行业监理工作整体水平不高，资质监理企业的工作水平参差不齐。主要体现在如下几方面：

（一）监理市场的不规范。当前监理业务中存在的不规范现象主要体现在转包监理业务、挂靠监理证照及业主私招乱雇、系统内搞同体监理等方面，致使建设监理的作用在相当多的项目上没有充分发挥出来；行业性保护和区域性保护，垄断经营、封锁市场、抵制外来企业进入；有些地方主管部门利用监理企业需要到当地注册的政策规定，蓄意保护当地或自己下属监理企业，等等。

（二）监理工作不到位。20世纪90年代以来，全国基础建设项目的迅猛增长，使得现有工程监理人员的素质水平和数量不能满足工程发展的实际需要。各业主单位在招标时要求的人员资质都偏高，有的监理企业为了中标不得不在多个项目上报同一批人员。因此一旦中标，换人以及很多项目的总监只挂帅不出征和空挂监理人员的现象屡见不鲜。受利益驱动以及为了企业生存的需要，有的监理企业把承揽的项目承包给个人或转包到某个较低资质的企业，只收取一定的管理费用，这样势必会造成企业对项目直接的管理不到位，同时也会给企业带来一定的风险。

（三）监理收费低，还没有完全做到市场化。事实上，监理单位的收费是有国家明文规定的，但由于目前监理行业竞争激烈，而且监理单位逐渐增多，所以收费不规范，远远低于国家规定的收

费标准。由于业主无根据地压价和监理同行业的不正当竞争，使得不少项目无法达到应有的取费标准，资金不足使得各监理单位只能勉强维持监理工作的运转，这势必影响监理行业的发展。

（四）监理过程仅局限于施工阶段。工程建设监理是指监理单位受项目法人委托，依据国家有关工程建设的法律、法规、标准、规范、规程和制度以及批准的项目建设文件、建设工程合同以及建设监理合同，对工程建设实行的监督管理，贯穿于工程建设项目的始终。包括投资决策阶段、设计阶段、施工招投标阶段、施工阶段（含保修阶段）。但目前，我国监理工作一般仅局限于工程建设项目的施工阶段，监理单位接受委托后，工程马上开工，这就造成监理人员要边干边熟悉情况，对工程并未深入地掌握熟悉。尤其是水利工程，规模相对较大、战线较长、技术复杂，对技术要求程度相对较高，影响因素相对也较多，很不利于监理工作的顺利开展。

（五）监理所处的工作环境错综复杂，任务繁重，步履艰辛。首先是设计环境，目前监理所得到的设计图纸由于设计周期不够，其深度往往达不到精度要求，“错、漏、碰、缺”等现象比较严重；在工程施工过程中，设计变更频繁。有来自设计的，也有来自业主的，对于这些情况监理无权做主，导致工程完成后设计变更量很大。二是业主环境。业主（建设单位）作为监理单位的委托人，通过监理合同的形式，在很大程度上将工程建设管理工作交给监理单位负责，以期用最小的投入求得最大的效益。由于我国在很长的一段时期内实行的是计划经济体制，传统的工程建设管理通常是由业主一家说了算，使得早期的工程建设管理工作很难走上规范化的轨道。业主委托监理，有的认为是迫不得已，有的认为是“多此一举”，有的只是为了应付上级主管部门的检查或领取施工许可证，还有的把监理仅仅当作是检查质量的工具；即使被授予了“四控制”的权力，在实际监理工作操作中也要领会业主的“意图”，看其脸色行事，常常受到他们的控制和左右。虽然目前这种情况已不多见，但传统的工程建设管理观念仍在影响着监理工作的顺利开展，这在规模较小的工程建设管理中显得尤为突出。在某些工程建设中，业主经常以自我为中心，无视行业规范的要求，以地方性的行政法规代替国家有关法律条文，甚至用不成文的“地方惯例”来决定工程上的许多实际问题，使得承包商步入进退两难的境地，导致工程建设进度严重滞后，工程效益明显下降，而监理单位却被推出来作造成不良后果的“替罪羊”。这种不规范的行为，对工程质量、对监理工作都带来了很大的负面影响，“出了问题找监理，有了利益避监理”。这其中的原因有建设单位违反合同不为承包商解决（或不完全解决）问题；不按市场经济规律办事，将投资风险全盘转嫁给承包商；无视行业规范在工程量计量和工程量单价等方面的规定，随意动笔“打折”等。这些非常有“个性”的行为，恰恰是造成监理单位无所适从的主要因素，也是导致工程无法实现预期效益的原因之一。此外，业主的某些行为直接导致监理工作的混乱。如未经总监理工程师同意，建设方决定向承包方拨付工程款；不通过监理工程师直接给承包商下达指令，要求按自己意见进行施工；如单方面要求施工方缩短原定工期赶工或指令承包商按自己意图改变总监理工程师批准生效的施工顺序安排，造成不必要的纠纷和误解，监理不得不花费很大精力收拾局面；工程款不能按合同规定及时支付或业主方供应材料不能按时到场，且不执行导致工程进度受阻的相应合同条款，监理又得耗费大量精力去处理这类合同扯皮索赔纠纷；工程随意被业主肢解分包，但大多数分包商又与总包单位签订合同，这也是现实的“行情”，在这种情况下，总包单位大多因费用问题与业主方有争议，但最终还是业主说了算，总包对分包管理形同虚设，甚至有些时候还起负作用，这无形中又给监理单位增加了相当繁重的负担。

其实，监理工程师应该是工程建设项目现场的唯一管理者，业主委托了监理，就应由监理工程师去实施对工程建设项目的监督与管理，业主的意见和决策均应通过监理工程师去实施，而业主所要做的，是如何做好对监理的监督与管理，而非直接对工程建设项目的管理。其次是施工环境。承包商是建设工程的直接生产者，他的工程管理水平直接影响着工程的质量和效益，也是监理单位开展监理工作的主要对象之一。现在部分施工单位把监理看成是质检员，在质量检查方面完全依赖监理，如某一部位施工完成后未进行自检自查，就叫监理去验收，自身的质检体系未能有效地运行。监理是作为公正的第三方，依据监理合同和工程建设承包合同进行监理，不是承包商的质检员。这个问题涉及职责问题，还涉及工程验收程序。各项验收，必须在承包商自检合格的基础上，报请监理工程师验收。承包商有确保提供合格产品的责任，监理方负责检验工程产品，承包商不能把监理当作自己的质检员，监理自己也不能把自己等同于承包商的质检员，监理的检查要全面。目前在某些地区工程建设的过程中还存在着转让和二次分包这些国家明文规定禁止的现象，造成工程施工管理工作严重脱节，管理人员岗位责任不清，出现事故后无法及时处理等不良后果。另外，承包商在中标后，没有及时按照承包合同中的承诺，设立工程项目部并配备相关人员，有的为了节约生产成本没有或减少本应投入的生产设备，这些也导致了承包商对工程建设生产的管理混乱，许多施工方案根本无法实施，从而严重影响工程建设正常开展。有的施工单位自身素质不高，在施工过程中不予应有的配合，不同程度地增加了监理工作的难度。承包商的上述行为，使得监理工作难以正常开展、工程建设不能走上正常的轨道。

（六）对监理工作有认识上的误区。现在有一种说法：工程质量是靠监理把握的。工程有问题，监理首当其冲，这种认识未免偏颇。监理是按照业主的授权，依据监理合同和工程建设承包合同对工程建设项目进行监督管理。监理的质量责任可以理解为：在设计阶段，由于设计造成质量问题的，设计监理应承担相应责任；在施工阶段，由于施工原因造成工程质量问题的，不论监理是否检测到和发现承包商的不合格产品，监理应承担相应责任，但是不能因此而免除承包商的责任。工程建设承包合同中明确规定了承包商必须向业主提供合格的质量产品，这需要“三方”端正思想意识。

（七）监理人员自身较低的素质状况阻碍了全过程监理的实施。目前，许多监理单位中从事监理工作的人员多是以前搞工程设计、施工管理及施工技术的人员，经过短期培训就上岗，或者干脆是未经过培训就上岗的离、退休工程技术人员。他们对现行规范标准不了解，这就不可避免地令部分人员在思想上对监理产生片面认识，把监理片面地理解为质量监督。另外，由于他们当中有为数不少的人员只懂工程技术，缺乏经济、管理、法律等方面的知识，而这几方面都是国际监理工程师必需的知识结构。

（八）监理从业人员廉洁从业意识薄弱，廉政建设工作迫在眉睫。人们普遍认为监理行业是有权力、有地位的行当，工程建设投资动辄上千万、上亿，只要稍动一点心思就有利可图。近年来，建设领域发生的大案历历在目，我国监理行业经济违法案件也时有发生，索取好处已成为建设领域内的关注点。一吃。借监理工程师的特有权限，轻易到不该去的饭局。一杯酒喝完，不该办的事情有了着落，不该签的字由不了自己。再如施工单位为了方便，专门为监理另立小灶，监理借机免费餐饮，时间一长，监理该管的事只有睁一只眼闭一只眼，不好意思再开口提意见，任施工单位作为，监理形同虚设，给监理队伍的整体形象造成损害。二接受钱财。施工单位为了验收方便通过，借过节之机，送钱、送卡、送礼品。有的监理工程师于自己的身份不顾，随意收取。俗话说，拿人手软。收受别人礼物之后总要“寻机回报”，这样带来的是不合格材料进场，不合格工程验收，给建设单位带来损失。三卡。监理人作为建设项目公正的第三方，服务于建设单位。在建设项目的进度、投资、质量控制，合同、信息管理以及各有关方的协调中起着不可缺少的作用。但有的监理人员不顾自己的职业道德准则，利用建设单位和法律赋予的权力，对施工单位设卡添堵，该验收的项目不组织验收，该签字认可的不签字，工作推诿、作风拖拉、延误工期，伤害了建设单位的利益，严重破坏了工程监理队伍形象。四要。利用工作之便，向施工单位索要钱财。工程开工要，材料进场要，竣工验收要。见什么要什么，水泥、钢材、装修材料，甚至还要施工队伍人员为其义务劳动。更有甚者，有的监理人员每月收受施工单位的酬劳。如不能满足，就穿小鞋、扣大帽、变法刁难。

## 二、我国工程建设监理行业的发展前景和措施建议

工程建设监理在保证建设工程质量、提高建设工程投资决策科学化水平，实现建设工程投资效益最大化等方面发挥着越来越重要的作用，已逐步成为我国建筑业快速、健康、科学发展的重要角色，有着广阔的发展前景。结合我国工程建设监理行业的特点和实际发展情况，笔者提出如下建议：

（一）要明确工程建设监理的定位。工程建设监理单位是依照法律、法规及有关的技术标准、设计文件和合同为业主提供高水平的、专业化的智力服务，是建设单位项目管理的延伸。工程建设监理单位一定要转变观念，提高服务意识，严格遵守服务性、公平性、公正性、科学性的职业原则，最大限度地维护项目法人和被监理单位的合法权益。

（二）努力实现全过程、全方位的监理。工程建设监理工作面临世界经济一体化、市场经济体制不断健全和建设项目组织实施方式改革带来的机遇和挑战。工程监理企业必须进一步树立市场竞争观念、经营理念和服务意识，不断拓展经营范围、扩大经营规模，向纵深两个方面扩展，从单一的施工阶段监理向建设工程全过程的项目管理延伸，从单一的质量控制项投资、进度控制方面发展，应用现代项目管理理论，采用先进的项

目管理方法和技术手段，为业主提供全过程、全方位的咨询服务。

（三）提高监理人员素质。提高监理队伍素质是一项长期任务，应当制定长远发展规划。当务之急是多渠道并举全面提高监理工程师的素质，彻底解决监理人才的年龄与知识老化的问题。一是要大力继续推行培训工作，开展不同层次的监理人员的培训和对国际工程监理等专题研讨，如监理公司总经理培训、总监培训、某工程项目培训等。二是要开展国际同行间业务交流、互访活动、取长补短，知己知彼，搞清国际“轨道”，便于接“轨”。三要选择有关学校设立监理专业，实行工程监理专业本科教育。同时，可以在一些具备条件的大学设立工程监理硕士学位或博士学位，以少数具备一定工程实践经验的年轻人为主要培养对象，学习科目可按照项目管理内容设立，并借鉴国外工程管理学先进的教学方法，结合我国实际培养一批高层次工程建设监理人才。四是要尽快提高工程监理的取费标准，以吸引高素质、高水平人才，使我国工程建设监理行业逐步发展为具有国际竞争力的项目管理行业。

（四）提倡科技创新，提高工程监理的信息化、数字化管理水平。工程建设监理作为智能性的管理行业，继续在陈旧的检查方式上停滞不前，这与现代社会科技飞速发展不相适宜。必须与时俱进，在科技上不断创新，积极采用先进的科学手段，为业主提供科学、真实、有效的监理数据与信息。

（五）实行建设方主管人员资格准入制。现阶段在建设领域中，设计、施工、监理等部门已经建立了资格认证制度，从业人员必须持有相应的资格证书才能上岗。这一制度有效地提高了设计、施工和监理人员的从业素质，但对建设方从业人员的要求还是空白。应建立建设方从业人员持证上岗制度。这样，方可有效地提高建设方人员的综合水平，尽可能消除建设方工作的盲目性。

（六）建立业主付款保证担保制度。保证担保，即保证担保人向权利人保证。如果被保证人无法完成其与权利人签订的合同中规定的承诺与义务，则由保证担保人代为履行，或付出其他形式的补偿。施工单位的履约保证担保即属于此种保证担保，我国《建设工程施工合同》中对业主付款均有明确的规定，但目前业主拖延付款现象大量存在，实行“业主付款保证担保制度”，其目的是保证业主根据合同向施工单位和监理单位支付全部款项。这样，可有效保证监理付款核实签证工作有效、公正地运行。

（七）改善目前工程款支付方式。为保证发挥监理方在工程建设中的应有作用，建议对工程款支付方式进行完善。对施工项目建设方必须设立专用账户专门用于支付工程款。每次支付时必须有总监理工程师签字，否则银行可以拒绝支付。如果出现违规现象，对责任人要有相应的处罚措施。

（八）坚持以人为本，大力提高工程建设监理从业人员的道德素质，搞好廉洁从业建设工作。全员廉洁从业是保障工程建设监理行业可持续健康发展的重要因素，建立健全廉洁从业长效监督机制体系，不断净化工程建设监理人员队伍是工程建设监理行业做大做强的重要措施。通过深入开展廉洁建设工作，对各层级廉洁从业风险进行防控，将廉洁建设纳入工程监理管理体系建设中，实现惩防体系建设与日常生产经营活动的有机融合，形成预防腐败常态化的工作机制。通过全员参与工程建设监理行业廉洁建设，宣贯廉洁文化理念，增强全员廉洁意识，实行廉洁从业责任落实全覆盖，营造反腐倡廉建设的工作氛围。积极推进“阳光作业”，消除“吃拿卡要”的空间。进一步推进“公开”监理，向建设、施工等方面公布所有监理流程和具体办事程序，实现“阳光作业”。严格遵守限时办结、服务承诺、一次性告知、离岗告示、绩效考核等制度，使贴在墙上的各项制度不仅能落得实、行得通，而且能管得住、用得好，以彻底搬掉各类“绊脚石”，确保监理合同的全面正确落实。积极完善监督、严厉惩处制度，强化过错道歉、效能约谈、责任追究等措施，实行“督权问责”。要建立效能日常监督检查机制，开展定期巡查和不定期抽查暗访，坚决遏制不作为、乱作为、慢作为等现象的发生。

## 三、结语

我国的监理制度是在吸取了发达国家成熟经验的基础上并结合我国国情建立起来的。西方实施监理制度的前提是法制相对健全、生产力发达和市场经济发育较成熟，而我国现阶段的生产力水平和法制建设方面与西方发达国家相比，还有一定的差距。所以，我国的建设监理事业目前存在的问题，恰恰是发展中必然遇到的问题。我国工程建设监理行业任重道远，只有在社会有关各方的关心支持下，群策群力地排除各种障碍，才能得到长远有效的发展。

参考文献：

[1]《中华人民共和国建设法》
[2]《建设工程质量管理条例》
[3]《建设工程监理规范》

# 地下综合管廊工程沟槽支护的监理控制要点

西安高新建设监理有限责任公司　龙晓伟

**摘　要**：结合某项目地下综合管廊工程项目特点对沟槽支护的监理控制要点进行总结，对地下综合管廊工程边坡支护工艺流程、施工质量控制要点进行总结和归纳。

**关键词**：综合管廊　土方开挖及沟槽支护　锚杆及土钉

某项目综合管廊设计起点为某路，设计终点为某路（桩号范围K0+026–K1+636），设计综合管廊长约1558.2m。管廊在北部为双舱式，管廊净尺寸：(2.5+1.5) m×3.0m；管廊在南部为三舱式，管廊净尺寸：(2.1+2.5+1.5) m×3.0m。以下重点介绍综合管廊基坑支护的专业特点及监理控制方法。

陈仓中路地下综合管廊

## 一、工程概况及特点

项目地下综合管廊工程周边15m范围内主要建筑物、管线等障碍物普遍较多，沟槽深度位于自然地坪下6.85~7.5m，基坑边坡支护方式采用锚杆及土钉墙施工，遇砂石层采用花管高压注浆，土层采用成孔高压注浆。边坡喷护厚度80mm，混凝土强度C20。基坑降水采用坑外井降水方案和坑底管井排水方案，本工程地下水位埋深5.60~7.80m，高于基坑底标高。

## 二、土方开挖监理工作控制要点

（一）熟悉地质概况：熟悉图纸设计，了解地质勘察报告及现场实际情况；明确设计的开挖要求、地质情况，确定是否采取降水、边坡支护工作。

（二）审查施工方案：土方工程开始施工前必须上报土方工程施工方案，施工方案应根据工程特点编制，具有针对性，并应符合国家相关标准规范。并应符合《危险性较大的分部分项工程安全管理办法》建质[2009] 87号的相关规定。本工程基坑开挖深度达7.2m，属于超过一定规模的危险性较大分部分项工程，2016年12月20日组织专家对专

基坑支护

组织专家进行方案认证

土方开挖

项方案进行论证。施工方案按照专家在论证会上提出的意见修改完成后，由施工单位技术负责人签字审批，加盖施工单位公章。

（三）审查分包单位资质：土方工程施工前应审查降水与支护分包单位的营业执照、安全生产许可证、资质等级证书、组织机构代码证、税务登记证等是否真实有效。

（四）基坑监测：基坑监测由建设单位委托有监测资质的监测单位进行基坑监测，应审核基坑监测单位资质、人员资质、基坑监测方案及设备效验证书等。

（五）主要控制内容：复核定位桩；对轴线控制桩、水准点桩进行复核；平整场地的表面坡度应符合设计要求，排水沟方向的坡度不小于 2%；按图纸对桩基、基坑和管沟的施工放线进行轴线和几何尺寸的复核；土方开挖按有关要求分层、分段依次开挖，边开挖边支护；在接近设计标高或边坡边界时预留 20~30cm 厚的土层，用人工开挖和修坡。

## 三、边坡支护监理工作控制要点

（一）原材料的质量控制

检查进场材料（土钉支护施工所用水泥、砂石、混凝土外加剂、焊剂、焊条等）的质量，并审查进场材料的出厂合格证、质量证明文件、相关复试报告等，符合规范要求方可在工程上使用，否则勒令施工单位将其清退出厂。

（二）沟槽边坡的控制

整个基坑分五次开挖，第一次开挖深度平均为 2.5m，第二、三次开挖深度为每次 1.5m，其余每次开挖深度均小于 1m，每次开挖长度不宜大于 50m。土钉墙支护位置应预留施工平台，宽度大于 5m，待土钉墙支护完成后进行二次开挖，每次开挖严禁超挖，确保边坡安全。按设计要求放坡系数控制边坡的坡度，保障边坡稳定；并要求施工单位在土方开挖过程中做好防雨措施，防止雨水及地表水侵入基坑，以及要求在坑底设置排水沟及积水坑，排水沟应离开边壁 0.5~1m，坑内积水应该及时抽出，防止边坡塌方。

（三）土钉墙施工质量的控制

1. 检查基坑水准基点、变形观测点等，符合设计要求后，方可进行施工。

2. 土钉设置的控制

1）土钉成孔前，检查土钉孔位是否符合设计要求并作出标记和编号，符合质量要求时方可进行施工。孔位的允许偏差不大于 100mm，钻孔的倾角误差不大于 3°，孔径允许偏差为 +10mm、−5mm；孔深允许偏差为 +100mm、−50mm。

2）钻孔后进行清孔检查，对孔中出现的局部渗水塌孔或掉落松土应要求施工单位立即处理。成孔后应要求及时安设土钉钢筋并注浆。土钉钢筋置入孔中前，应设置定位支架，支架沿钉长的间距为 2m。注浆材料选用水泥砂浆，水泥砂浆应拌和均匀，随拌随用，一次拌和的水泥砂浆应在初凝前用完。

3）土钉钢筋置入孔中后，要求施工单位及时注浆，注浆以满孔为止，但在初凝前需补浆 1~2 次。注浆时，注浆管应插至距孔底 250~500mm 处，孔口部位宜设置止浆塞及排气管。注浆开始或中途停止超过 30 分钟时，应用水或稀水泥砂浆润滑注浆泵及其管路。

4）向孔内注入浆体的充盈系数必须大于 1.0。每次向孔内注浆时预先计算所需的浆体体积，并根据注浆泵的冲程数求出实际向孔内注入的浆体体积，以确保实际注浆量超过孔的体积。

5）检查注浆用水泥砂浆的水灰比，水灰比不宜超过 0.4~0.45 。

6）当土钉钢筋端部通过锁定筋与面层内的加强筋及钢筋网连接时，检查其相互之间焊接情况，符合焊接规范要求后，方可允许施工单位进行喷射混凝土的施工。

3. 混凝土面层控制

1）在喷射混凝土前，检查面层内的钢筋网片是否牢固的固定在边壁上，并符合规定的保护层厚度要求（钢筋保护层厚度不宜小于 30mm），并且钢筋在混凝土喷射下不出现振动。

2）钢筋网片应符合质量要求。钢筋网片允许偏差为 ±10 mm，钢筋网铺设时每边的搭接长度应不小于 300 mm。

3）检查喷射混凝土配合比，应与试验确定的配合比相一致，水灰比不宜大于 0.45。

4）检查喷射混凝土的喷射顺序应自下而上，一次喷射厚度不宜小于 40mm。喷头与受喷面距离宜控制在范围内 0.8~1.5m 的范围内。射流方向垂直指向喷射面，但在钢筋部位，应先喷填钢筋后方，然后再喷填钢筋前方，防止在钢筋背面出现空隙。

5）检查喷射混凝土厚度达到规定值后，方可继续进行下一步混凝土喷射工作。在混凝土作业时，要求施工单位仔细清除预留施工缝接合面上的浮浆层和松散碎屑，并喷水使之潮湿。

6）喷射混凝土终凝 2 小时后，要求施工单位及时进行养护喷射混凝土，养护时间根据气温确定，宜为 3~7 天。

（四）土钉现场测试

土钉支护施工必须进行土钉的现场抗拔试验并据此来确定极限荷载，以及估计土钉的界面极限粘结强度，试验结果应符合设计要求。

（五）支护竣工后的质量检查

在基坑支护竣工后的设计使用期限内，监督施工单位继续对基坑支护的变形进行监测，确保安全。

（六）花管施工

本工程花管采用 ϕ48mm 的钢管制作，花管上部 1000mm 外，4000mm 范围内管壁上开设直径为 8mm，梅花桩布置，间距 200mm 的出浆孔，每根花管的长度 5m。将制作完成的花管利用空压机倾斜不小于 15° 打入基坑坑壁，遇到障碍物可适当调整距离。

监理控制措施：

花管施工

1. 进场的水泥必须进行原材料的检测，存放超过 3 个月或受潮的严禁使用。

2. 现场对钢花管的长度和打入的垂直度进行检查，应符合设计要求。

3. 对钢花管的制作和孔隙数量，满足施工方案和相关规范要求。

4. 严格按照设计图纸和施工方案要求进行浆液的拌制。

5. 注浆压力控制在 0.8~1MPa 之间，注浆过程全程旁站，监理人员对注浆的原始数据进行记录，后续形成过程资料。

## 四、安全管理

（一）监测规定

1. 沟槽开挖前，应做出系统的开挖监控方案。内容包括：监控目的、监测项目、监控报警装置、监测方法及精度要求、监测点的布置、监测周期、工序管理和记录制度以及信息反馈系统等。

2. 监测点的布置应满足变形监测的要求，从基坑边缘以外 1~2 倍开挖深度范围内需要保护的结构与设施均应作为监控对象。

3. 位移观测基准点数量不应少于两点，且应设置在影响范围以外。

4. 在沟槽开挖前应测得初始值，且不应少于两次。

5. 沟槽监测项目的监控报警值，应根据监测对象的有关规范及支护机构设计要求确定。

6. 监测的时间间隔可根据施工进程确定。当变形超过有关标准或监测结果变化速率较大时，应加密观测次数，当有事故征兆时，应连续监测。

7. 沟槽开挖监测过程中，应根据设计要求提交阶段性监测结果报告。工程结束时应提交完整的监测报告。报告包含以下内容：工程概况、监测项目和各监测点的平面和立面布置图、采用仪器的种类和监测方法、监测数据处理方法和监测结果过程曲线、监测结果评价。

8. 沟槽开挖过程中特别注意对以下部位进行监测：

1）支护体系变形情况。

2）沟槽外地面沉降或隆起变形。

3）邻近建筑物动态。

4）监测支护结构的开裂、位移。重点监测桩位、护壁墙面、主要支撑杆、连接点以及渗漏情况。

9. 应该采用可靠实用的监测仪器，在监测期间内保护好监测点。

（二）监测内容

1. 支护结构顶部水平位移监测。作为最关键部位的监测，一般每隔 5~8m 设一监测点，在重要部位加密布点。

2. 支护结构倾斜监测。掌握支护结构在各个施工阶段的倾斜变化情况，及时提出支护结构深度、水平位移、时间的变化曲线及分析结果。

3. 支护结构沉降观测。可按常

监理单位基坑变形监测

规方法用水平仪对支护结构关键部位观测。

4. 支护结构应力监测。用钢筋应力计对支护部分较大应力断面处的应力进行监测，以防发生结构性破坏。

5. 支撑结构受力监测。施工前进行锚杆抗拔试验，施工中用测力计监测锚杆的实际受力。对钢支撑可用测压应力传感器或应变仪等监测受力变化。

6. 对邻近构筑物、道路、地下管网设施的沉降及变化的监测。

（三）监测结果分析：

1. 对支护结构顶部水平位移分析，包括位移速率和累计位移计算。

2. 对沉降和沉降速率进行计算分析，沉降要区分是由支护结构水平位移引起还是由地下水位变化引起。

3. 对各项监测结果进行综合分析并相互验证和比较，判断原有设计和施工方案的合理性。

4. 根据监测结果，全面分析基坑开挖对周围环境影响和支护的效果。

5. 检验原设计计算方法的适宜性，预测后续工程开挖中可能出现的新问题。

6. 经过分析评价、险情报警后，应及时提出处理措施，调整方案，排除险情，并跟踪监测加固处理后的效果。

7. 监测点必须牢固，标志醒目，确保监测点在监测阶段不被破坏。

（四）沟槽坑边荷载安全监理措施

1. 开挖的土方，要严格按照组织设计堆放，不得堆于基坑外侧，以免地面堆载超荷引起土体位移或支撑破坏。坑边堆置土方和材料包括沿挖土方边缘、移动运输工具和机械不应离槽边过近，堆置土方距坑槽上部边缘不少于 1.2m，弃土堆置高度不超过 1.5m。

2. 大中型施工机具距坑槽边距离，应根据设备重量、基坑支护情况、土质情况经计算确定。土方开挖如有超载和不可避免的边坡堆载，包括挖土机平台

基坑临边防护

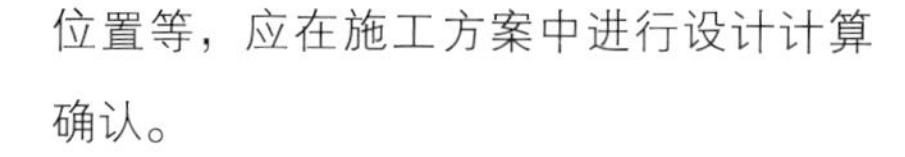

位置等，应在施工方案中进行设计计算确认。

3. 周边有条件时，可采用坑外降水，以减少墙体后面的水压力。

## 五、结语

综上所述，城市地下综合管廊工程的深基坑开挖支护技术在实际工作中是需要重点攻克的难关。在城市纵横交错的地下铺设着众多的管线设施，例如，热力管道、燃气管道、光缆、电缆、给排水管道等管线，关乎人民最基础的生活质量。因此，要给予地下综合管廊深基坑施工足够的重视，特别是基坑支护工程的施工难点，如临近道路、施工周期长、施工条件差、外界干扰大等，要提前予以考虑并制定相应措施。监理单位应该发挥监理自身的作用，做到事前控制，避免造成不必要的损失。

参考文献：

[1]《建筑基坑工程技术规程》JGJ 120—2012
[2]《基坑土钉支护技术规程》CECS 96-97
[3]《深基坑工程安全技术规范》JGJ 311-2013
[4]《复合土钉墙支护技术规范》GB 50739-2011
[5]《岩土锚杆与喷射混凝土支护工程技术规范》GB 50086-2015
[6]《建筑工程施工质量统一验收标准》GB 50300-2013
[7]《建筑地基基础施工质量验收规范》GB 50202-2013

# 强化进场材料验收提高监理质量

山东同力建设项目管理有限公司　曲晗

**摘　要：**项目监理机构对施工单位报送的用于工程的材料、构配件、设备，除了审查相关质量证明文件外，还更应按国家、行业相关标准和合同约定，对用于工程的材料进行见证取样以及平行检验。监理工程师要强化对进场的工程材料、构配件的现场质量验收，特别是按标准认真进行平行检验，提高监理工作质量，以确保建设项目的工程质量。

**关键词：**材料报验　清单　自检结果　平行检验

目前，施工单位在本地区、各工程项目现场的《工程材料、构配件或设备报审表》表 B.0.6 填报状况很不规范，90% 以上的报审表共包含三个附件内容：1. 工程材料、构配件或设备报审表；2. 材料、构配件进场检验（验收）记录；3. 质量证明文件（合格证、检验报告）。

施工方所报送的《工程材料、构配件或设备报审表》没有按照《建设工程监理规范》GB/T 50319-2013 表 B.0.6 的要求填报。监理规范对报审表 B.0.6 的要求是以下三个附件内容：1. 工程材料、构配件或设备清单；2. 质量证明文件；3. 自检结果。而施工方所填报的《工程材料、构配件或设备报审表》缺少附件《工程材料、构配件或设备清单》和《自检结果》这两份重要的技术文件。

下列所示图片是某市重点工程，某特级施工企业施工项目部工程的“可挠金属电线保护套管”《工程材料、构配件或设备报审表》实例，其中《工程材料、构配件进场验收记录》图片如下

材料、成品、半成品进场验收记录

鲁 DQ-008

| 工程名称 | | | | 施工单位 | | |
|---|---|---|---|---|---|---|
| 分项工程名称 | 电气安装工程 | | | 监理（建设）单位 | 山东同力建设项目管理有限公司 | |
| 序号 | 产品名称 | 型　号 | 规　格 | 数　量 | 生产厂家<br>合格证号 | 复验记录 |
| | | | | | | 检验项目 | 检验结果 |
| 1 | 可挠金属电线保护套管 | 15# | RZ | 12000 米 | 兴化市盛泽金属套管有限公司 | 外观质量 | 合格 |
| 2 | 可挠金属电线保护套管 | 17# | RZ | 16000 米 | 兴化市盛泽金属套管有限公司 | 外观质量 | 合格 |
| 3 | | | | | | | |

验收结论：

外观质量符合要求，同意进场使用

| 施工单位：<br>项目专业技术（质量）负责人：<br>专业质量检查员：<br>（章）2016 年 9 月 30 日 | 监理（建设）单位：<br>监理工程师：<br>（建设单位项目专业技术负责人）<br>（章）2016 年 10 月 1 日 |
|---|---|

山东省建设工程质量监督总站监制

从图片资料中，看不出施工现场各方是如何对“可挠金属电线保护套管”进行质量验收的，更不清楚这批材料是怎样被责任主体各方验收合格的。施工现场只凭一般外观和质量证明文件，就能判定工程材料、构配件或设备是合格的吗？答案是否定的。

在《建筑电气工程施工质量验收规范》GB 50303-2015 中对进场的工程材料质量验收有以下规定：

规范第 3.2.1 条要求：主要设备、材料、成品和半成品应进场验收合格，并应做好验收记录和验收资料归档。当设计有技术参数要求时，应核对其技术参数，并应符合设计要求。

第 3.2.5 条要求：当主要设备、材料、成品和半成品的进场验收需进行现场抽样检测或因有异议送有资质试验室抽样检测时，应符合下列规定。1. 现场抽样检测：对于母线槽、导管、绝缘导线、电缆等，同厂家、同批次、同型号、同规格的，每批至少应抽取 1 个样本。2. 因有异议送有资质的试验室抽样检测：对于母线槽、绝缘导线、电缆、梯架、托盘、槽盒、导管、型钢、镀锌制品等，

同厂家、同批次、不同种规格的，应抽检10%，且不应少于2个规格。3. 对于由同一施工单位施工的同一建设项目的多个单位工程，当使用同一生产厂家、同材质、同批次、同类型的主要设备、材料、成品和半成品时，其抽检比例宜合并计算。4. 当抽样检测结果出现不合格，可加倍抽样检测，仍不合格时，则该批设备、材料、成品或半成品应判定为不合格品，不得使用。5 应有检测报告。

第3.2.13条要求：导管的进场验收应符合下列规定：1. 查验合格证 z 钢导管应有产品质量证明书，塑料导管应有合格证及相应检测报告。2. 外观检查：钢导管应无压扁，内壁应光滑；非镀锌钢导管不应有锈蚀，油漆应完整；镀锌钢导管镀层覆盖应完整、表面无锈斑；塑料导管及配件不应碎裂、表面应有阻燃标记和制造厂标。3. 应按批抽样检测导管的管径、壁厚及均匀度，并应符合国家现行有关产品标准的规定。4. 对机械连接的钢导管及其配件的电气连续性有异议时，应按现行国家标准《电气安装用导管系统》GB 20041 的有关规定进行检验。

国家行业标准《可挠金属电线保护套管》JG/T 3053-1998 对材料的质量部分要求如下：

其中第4条技术要求中，4.1 规格尺寸：可挠金属电线保护套管的规格应符合下表的规定。

4.2 外观要求：套管镀层不得有脱落、起层、锈蚀、斑点。套管内部及表面无突起及损伤现象；套管切断面不得有毛刺。4.3 性能要求中对拉伸性能、抗压试验、弯曲试验、电气试验、阻燃性试验等有详细规定。第6条，检测规则中也对出厂检验、型式检验、判定规则作了规定。

从以上规范和标准中可以看出，在质量验收规范中是没有材料设备的具体质量特征和允许误差数据的，要依据材料、构配件、设备的国家、行业、厂家等标准，对进场的材料、构配件和设备进行现场验收，根据标准及验收规范进行平行检验和见证取样。质量验收规范和行业标准应有的检查、检验项目中，现场监理人员能够检测的检验项目，现场必须会同建设、施工单位相关人员进行检测。按验收规范和合同规定须抽检的要及时抽检，须进场复试的在现场检查验收合格后取样并送检复试。

《建设工程监理规范》GB/T 50319-2013 第5.2.9条规定：项目监理机构应审查施工单位报送的用于工程的材料、构配件、设备的质量证明文件，并应按有关规定、建设工程监理合同约定，对用于工程的材料进行见证取样、平行检验。项目监理机构对已进场经检验不合格的工程材料、构配件、设备，应要求施工单位限期将其撤出施工现场。工程材料、构配件或设备报审表应按本规范表 B.0.6 的要求填写。

监理工程师要强化对进场的工程材料、构配件现场质量验收，特别是按监理合同及工程中使用材料的国家和行业标准认真进行平行检验，并形成书面的平行检验记录，提高监理工作质量，以确保建设项目的工程质量。

强化进场的工程材料、构配件质量验收管理，应规范进场材料设备质量验收工作程序。施工方在材料、构配件进场前，根据工程施工进度需要，分批向监理和建设方上报《工程材料、构配件采购及供应计划》，明确材料、构配件或设备供应的时间节点。根据施工方的材料设备供应计划，监理工程师应及时做好材料、构配件验收的技术准备工作，包括熟悉验收程序，设计文件对材料、构配件的技术要求，国家的相关规范、标准等，使进场的工程材料设备的验收核查工作科学、规范、准确、有效力，切实把住进场验收关。

工程材料、构配件进入施工现场后，施工方专职检验人员应先对进场材料、构配件进行认真地检查、检验，首先应检查运输过程中是否有保证质量的防护措施，产品质量有无因运输不当发生变质或损伤；核对材料、构配件的名称、规格、型号、数量是否与进场材料、构配件计划一致；检查出厂合格证、生产许可证和材料质量证明文件是否齐

| 规格代号 | 内径 | 外径 | 外径公差 | 每卷长度 | 螺距 | 每卷质量 |
|---|---|---|---|---|---|---|
| | mm | | | | | kg |
| 10# | 9.2 | 13.3 | ±0.2 | 50.000 | 1.6±0.2 | 11.5 |
| 12# | 11.4 | 16.1 | ±0.2 | 50.000 | | 15.5 |
| 15# | 14.1 | 19.0 | ±0.2 | 50.000 | | 18.5 |
| 17# | 16.6 | 21.5 | ±0.2 | 50.000 | | 22.0 |

全、完整、有效；对材料构配件外观质量进行检查，对一般的检测、检验项目进行现场检测和检验，检查各项指标是否符合国家、行业或企业标准要求。施工方对工程材料、构配件进行自检合格后，填写《工程材料、构配件或设备报审表》，由项目经理签章，向工程项目监理部申请验收。

监理工程师收到《工程材料、构配件或设备报审表》后，应按照事先各方约定的时间、地点准时、准确地进行材料、构配件验收检验工作。专业监理工程师严格执行材料、设备见证检验和联合验收的制度规定，认真负责检查和审阅承建单位提供的材质证明和试验报告，验收合格及时签认。对可能有质量问题的主要材料，应负责抽样复查，不合格的材料不准在工程上使用。对进场的大中型设备，监理工程师要会同建设方、设备供应商、设备安装单位共同开箱验收。

《工程材料、构配件或设备报审表》按规范要求填写范例如下：

**表 B.0.6　工程材料、构配件或设备报审表**

工程名称：##########　　　　编号：DQ-002

致：**山东同力建设项目管理有限公司###监理部**（项目监理机构）

于 2016 年 9 月 30 日进场的拟用于工程 **1～3 层建筑电气导管敷设**部位的**可挠金属电线保护套管**，经我方检验合格，现将相关资料报上，请予以审查。

附件：1. 工程材料、构配件或设备清单：共 1 页。
2. 质量证明文件：
合格证，出厂质量证明、型式检验报告各 2 份。
3. 自检结果：共 1 页。
见证取样复试报告　页（复试报告一般应提供原件）。

报审表中的“工程名称”一般应填写某某项目的单位工程名称，编号也应以单位工程的分部工程进行分类管理。施工项目经理部填报项目监理机构的名称时，应填报监理单位某某工程现场项目监理机构的全称（例如“山东同力建设项目管理有限公司某某项目监理部”），而不应填报某某监理单位的名称。

“进场拟用于工程”的填写应为分部工程的分项工程名称，部位应详细到工程的楼层或具体到某个区域部位，工程材料、构配件或设备名称应填写全称以及相应的规格、型号。

报审表附件中的文件资料应注明其份数和页数；自检结果施工方质检人员不应简单填写“符合标准要求”或“质量合格”，应有施工项目经理部质检人员现场检测、检验的原始记录，要有质量特征实测数据和结果。这样要求，就是规范施工现场材料验收以及督促质量管理人员对进场材料认真负责地按国家相应规范和标准实地进行实测实量的验收，确保用于工程中的材料、构配件或设备真正符合设计文件和标准规范的要求。

项目监理机构审查意见应清晰明确，经检查或复查工程材料、构配件或设备符合或不符合设计文件和规范、标准的要求，准许或不准许进场，同意或不同意使用于拟定部位。不符合要求的材料，应按规范标准逐项逐条书面详列清楚不符合要求的事由，并要求施工项目经理部及时清退出施工现场。

报审表附件 1 工程材料、构配件或设备清单填写范例如下表。

数量清单就是指施工项目经理部所报审材料的名称、规格、型号、进场数量、材质、产地、质量等级等工程材料、构配件或设备的相关情况。数量清单不应用《材料、构配件进场检验（验收）记录》替代。

《材料、构配件进场检验（验收）记录》是材料、构配件等进场后，在施工方检查验收合格的基础上，建设、监理方会同施工方、供应商对材料、构配件进行的现场检查（或复检），经各方共同验收合格以后，《材料、构配件进场检验（验收）记录》才能按实填写，并经各方责任主体签字认可。

《工程材料、构配件或设备清单》中的规格、型号等技术数据必须符合设计文件的要求，监理人员必须根据设计文件逐项核查无误。工程总数量是指工程的材料、构配件的总需要量，与进场数量进行比较核查本次进场数量是否满足施工计划和现场施工的实际需要，以确保工程施工有序地按计划施工。

清单中应记载生产厂家或产地，工程材料、构配件的产地，生产厂家要符合招投标文件或建设单位的要求；出厂合格证明文件、检测以及复试报告应与其规格型号一一对应，防止出现不符和、无质量证明文件的现象，该清单不需要建设、监理方签字。

产品的质量证明文件是有效控制产品质量和为用户接受并使用产品所提供的必不可少的重要依据，是向用户作出质量承诺，保证产品质量具有可追溯性

**工程材料、构配件或设备清单**

分部工程名称：建筑电气　　　　施工单位：#########　　　　编号：DQ-002

| 进场日期 | 材料/构配件/设备名称 | 拟用部位 | 规格型号 | 工程总数量 | 进货数量 | 生产厂家 | 出厂合格证及检验报告编号 | 备注 |
|---|---|---|---|---|---|---|---|---|
| 2016.9.30 | 可挠金属电线保护套管 | 1～3层 | RZ15# | 12000米 | 12000米 | 兴化盛泽 | 2015苏质检002号 | 240卷 |
|  | 可挠金属电线保护套管 | 1～3层 | RZ17# | 16000米 | 16000米 | 兴化盛泽 | 2015苏质检002号 | 320卷 |

的主要文件，项目监理机构应严格、认真、全面、详细地核查，严把工程材料进场验收关。质量证明文件是指：材料、构配件、设备生产单位提供的合格证、生产许可证、质量证明书、出厂检测报告、型式检验报告等证明资料。进口材料、构配件、设备应有报关单和商检部门的证明文件；新产品、新材料、新设备应有相应资质机构的鉴定文件。如无证明文件原件，需提供复印件，但应在复印件上加盖证明文件提供单位的公章。

质量证明文件必须随同工程材料、构配件或设备一起进场，没有质量证明文件，监理人员应当拒绝对进场的工程材料、构配件或设备进行验收，并签署书面意见要求施工方补充书面有效的质量证明文件重新报验，责令施工方也不得擅自在工程上使用。对施工方随后补报的质量证明文件，监理方应要求施工方重新按照质量证明文件及国家的相应的标准、规范重新对进场的工程材料、构配件或设备进行检查验收，在合格的基础上按《建设工程监理规范》的要求向项目监理机构重新填报《工程材料、构配件或设备报审表》，监理人员应及时地对所报工程材料、构配件或设备进行检查验收，不得影响现场工程施工。

当建设方、监理方或监督部门怀疑施工单位提交的厂家检验报告及其厂家提供的质量证明文件有造假嫌疑时，对于国家有强制要求认证的材料，监理人员应到国家权威网站核查或电话、传真查询相应的权威机构进行核实，不能想当然地判断其真实性，防止现实中发生

**自检结果**

工程名称：××××××××

| 材料名称 | | 可挠金属电线保护套管 | 规格型号 | RZ 15# Φ19 |
|---|---|---|---|---|
| 序号 | 检验项目 | 单位 | 技术要求 | 检验结果 |
| 1 | 外观 | | 镀锌层不得有脱落、起层锈蚀；管内部无突起损伤；切断面无毛刺 | 镀锌层没有脱落、起层锈蚀现象；管内部无突起损伤；切断面无毛刺 |
| 2 | 平均直径 | mm | 19.0±0.2 | 19.2 19.1 18.9 |
| 3 | 电气性能 | | 电阻应小于0.03欧姆 | 测试电阻为0.005 |
| 检测人：××××× | | | 检测日期：2016年9月30日 | |

| 材料名称 | | 可挠金属电线保护套管 | 规格型号 | RZ 17# Φ21.5 |
|---|---|---|---|---|
| 序号 | 检验项目 | 单位 | 技术要求 | 检验结果 |
| 1 | 外观 | | 镀锌层不得有脱落、起层锈蚀；管内部无突起损伤；切断面无毛刺 | 镀锌层没有脱落、起层锈蚀现象；管内部无突起损伤；切断面无毛刺 |
| 2 | 平均直径 | mm | 21.5±0.2 | 21.7 21.5 21.4 |
| 3 | 电气性能 | | 电阻应小于0.03欧姆 | 测试电阻为0.01 |
| 检测人：××××× | | | 检测日期：2016年9月30日 | |

质量问题，而追究监理工程师的责任。

《工程材料、构配件或设备报审表》附件2自检结果填写示例如上表。

自检结果是指：施工单位对所购材料、构配件、设备各清单、质量证明资料核对后，对工程材料、构配件、设备实物及外部观感质量、几何尺寸等进行验收核实的自检结果，包括见证取样送检的复试报告等。由建设单位采购的主要由建设单位、施工单位、项目监理机构进行开箱检查，并由三方在开箱检查记录上签字。进口材料、构配件和设备应按照合同约定，由建设单位、施工单位、供货单位、项目监理机构及其他有关单位进行联合检查，检查情况及结果应形成记录，并由各方代表签字认可。

自检结果应按照山东省工程建设标准《建筑工程（建筑与结构工程）施工资料管理规程》和《建筑工程（建筑设备、安装与节能工程）施工资料管理规程》中的《材料、构配件进场检验（验收）记录》示例填写相关表格项目内容。

需要特别指出的是，监理机构的监理人员要依据国家现行标准和合同规定，在施工单位自检合格的基础上，参照施工单位报验的"自检结果"的格式，对工程材料进行平行检验，并形成监理方的平行检验书面记录，确保监理工程师履职行为规范，使进场材料、构配件或设备的质量验收具有可追溯性。

参考文献：

[1]《建设工程监理规范》GB/T 50319-2013
[2]《建筑电气工程施工质量验收规范》GB 50303-2015
[3]《可挠金属电线保护套管》JG/T 3053-1998

# 面向业主的建设项目全过程BIM咨询——以上海世博会博物馆项目为例

上海建科工程咨询有限公司

**摘　要**：本文以上海世博会博物馆项目为例，介绍上海建科工程咨询有限公司（下称“上海建科咨询”）在面向业主的建设项目全过程BIM咨询服务的探索和实践，根据具体实践体会阐述BIM技术在全过程工程咨询中的应用思考。

**关键词**：BIM　全过程BIM咨询　全过程工程咨询

## 一、上海建科咨询推广BIM技术应用的背景（行业+企业）

2003年BIM技术开始引入我国，主要集中在学术领域研究。2011年，住房与城乡建设部发布《2011–2015年建筑业信息化发展纲要》，提出要在“十二五”期间，基本实现建筑企业信息系统的普及应用，加快建筑信息模型（BIM）、基于网络的协同工作等新技术在工程中的应用，自此拉开了BIM技术在建设工程领域的应用帷幕。随后，北京、上海、辽宁、山东、广东、陕西等地方政府相继发布有关推广BIM技术的政策和标准，进一步促进了BIM技术在国内的推广与应用。

上海建科咨询公司作为在行业内相对领先的企业，在30年的发展中，承接工程项目近4000项，工程总投资突破万亿，积累了大量的项目经验，能够提供不同阶段、不同角度的工程咨询服务，长期注重专业技术的积累。同时，公司近十年一直把信息化建设作为战略转型的重要措施和手段，2011年制定BIM战略规划，启动BIM发展计划，全面开展BIM技术能力建设工作，以“规划引路、科研先导、项目实践和价值实现”的思维进行发展，着力打造“面向业主的建设项目全过程BIM应用”的咨询服务能力。

## 二、面向业主的建设项目全过程BIM咨询框架

在5年多、数十个BIM咨询项目实践过程中，通过对各种BIM应用模式的分析与梳理（模式对比分析见表1），逐渐打造上海建科咨询“面向业主以运营为导向的建设项目全过程BIM咨询”服务产品，最终形成上海建科咨询的BIM应用策略和实践总则：在项目咨询服务中，以BIM的互操作性特征为基础，推广使用预加工、预装配、模块化等新技术特点，建立可推广的示范性工程技术和管理模式，推动行业创新和企业进步，提升工作效率，解决工程建设的各类问题。

面向业主以运营为导向的建设项目全过程BIM咨询，应该主要抓好咨询服务的两个关键环节：第一，项目策划阶段（Project Planning，简称PP），该阶段以业主的“数字化交付和智慧运营”为基本出发点，做好项目全过程BIM应用的顶层设计和实施方案，明确各阶段的模型标准和应用标准，形成全过程BIM应用的“行动纲领”；第二，项目

BIM应用模式的分析　　表1

| 应用模式 | 特点分析 |
| --- | --- |
| 阶段内点式应用 | 设计、施工阶段内的单点应用<br>由设计单位、施工单位主导<br>根据现场需求开展<br>仅解决阶段内单一问题，无法做到统筹管理 |
| 跨阶段应用 | 以设计—施工跨阶段应用为主<br>一般由BIM咨询单位主导<br>设计、施工阶段数据传递难度大<br>运维阶段需求无法考虑 |
| 全过程应用 | 由业主单位主导的全生命周期应用<br>一般需由专业BIM咨询单位辅助<br>辅以协同平台、运维平台应用效果更好<br>“由始至终”，全过程数据管理难度大<br>项目管理要求高、协调难度大 |
| 面向业主以运营为导向的全过程应用 | 由BIM咨询单位配合业主开展<br>项目前期策划阶段充分考虑运营需求<br>数据管理效果好<br>精细化管理，数字化交付<br>有利于项目建成后的运营和维护 |

过程控制阶段（Project Control，简称PC），该阶段严格依照“行动纲领”落实各个阶段的BIM应用，利用协同管理工具保证项目数据和信息产生、存储、传递、利用和交换等各个环节，实现数据的互联互通和资源共享，解决工程建设的各类问题。其基本框架如图1所示。本文就以上海世博会博物馆项目为例分享和交流“面向业主的建设项目全过程BIM咨询服务”的一些探索。

## 三、上海世博会博物馆项目全过程BIM咨询案例

（一）项目概况

上海世博会博物馆是位于上海世博会地区文化博览区的国际性博物馆，用地面积约4hm$^2$，高度约40m，总建筑面积约为46550m$^2$，投资总额6亿元，建设周期两年，已于2017年5月1日正式运行。项目参建单位多达30多家，且场馆中庭的欢庆之云建筑造型独特，为空间三维扭曲网壳结构，杆件和节点数量多、形式多样，造成建设难度大。

（二）全过程BIM应用的实施策划（PP）

1. 明确服务模式

以BIM协同平台为基础，考虑参建各方共同参与，面向业主的设计－施工－运维全过程BIM管理与咨询服务。

2. 确定服务目标

1）数据互通。打造面向业主的建筑全生命周期的BIM协同工作平台，以数据为纽带，有效支持工程管理的设计、施工、运维全生命周期的应用，实现业主、顾问、设计、施工、运维之间的数据互通。

2）高效协调。运用BIM可视化的基本特征，进行单专业三维设计，多专业综合协调，减少各专业之间的冲突及其带来的设计变更，以及施工方案优化。

3）精细管理。利用BIM各项应用

协同管理平台
全过程精细化管理
数字化交付
智慧运营
项目难点
信息传递
BIM应用
信息传递
BIM模型
BIM顶层设计
项目实施方案
全程协调管理
各阶段BIM应用
BIM模型标准

图1　面向业主的建设项目全过程BIM咨询框架

图2　项目效果图

图3　博物馆模型

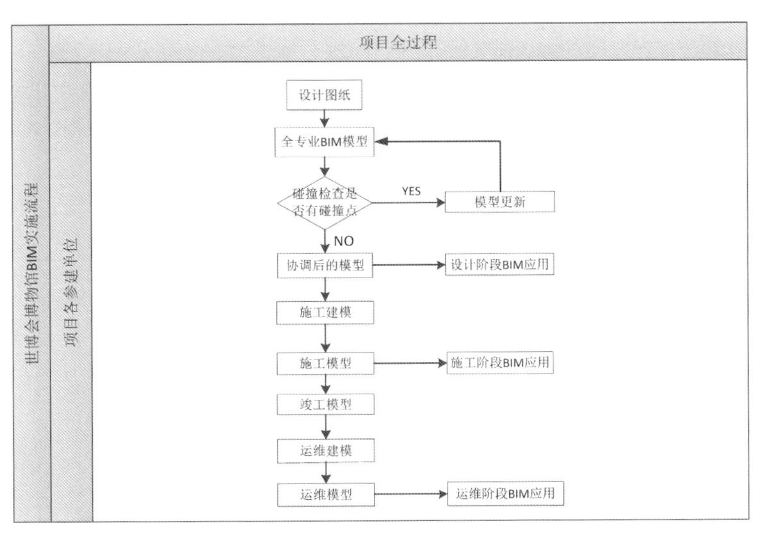

图4　BIM全过程应用总流程

点，结合无线视频传输实时监控手段，获取各类工程数字化信息，优化设计、施工、运营管理过程，通过预先控制，有效提升项目建设和运营的精细化管理水平。

3. 规定工作流程及各方职责

为便于各方展开工作，针对项目实际情况，同时依据设计、施工、运维各阶段 BIM 工作内容，制定 BIM 工作流程和各方职责，指导各参建单位进行 BIM 技术应用工作有序的开展。

4. 制定 BIM 标准及数据规划

为保证各阶段的数据互通和 BIM 应用的有效开展，在项目开展之初分别制定项目 BIM 应用的各项标准文件，包括：

● 建模基础标准。明确模型建立的基础环境、模型拆分原则、文件夹命名及构架、族文件命名与分类管理、视图和过滤器设置、模型搭建原则等。

● 建模深度标准。分别从方案设计阶段、初步设计阶段、施工图设计阶段、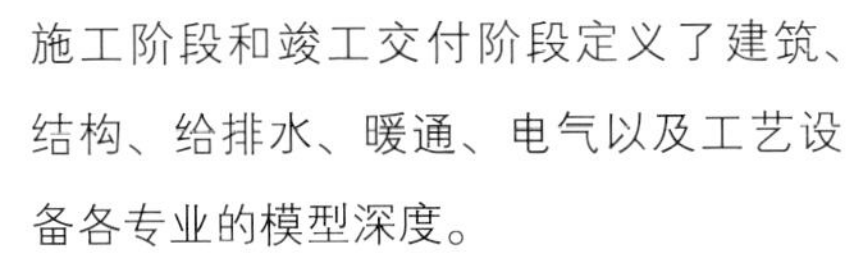施工阶段和竣工交付阶段定义了建筑、结构、给排水、暖通、电气以及工艺设备各专业的模型深度。

● BIM 数据规划。分别从几何信息和非几何信息分析了建筑、结构和机电专业的 BIM 数据信息字段，以保证数据在全过程中的产生、传递、交互和使用。

● BIM 应用标准。分别从设计、施工、运营三个阶段规划模型应用点及应用要求，并明确各阶段应用流程和各方职责，保证 BIM 应用的有序开展和实施落地。

● 文档编码体系。针对该项目 BIM 服务质量管理系统，明确各阶段文件编号方式，统一文件编号，便于文件的识别与分类，实现项目系统运作的有效管控。

● 空间命名规则。考虑项目在运营阶段的空间管理需求，制定建筑空间命名基本规则，便于不同建筑空间内的设备、设施和功能性统计，对建筑物整体在运营阶段的快速定位和系统检索提供支持。

（三）全过程 BIM 应用的过程控制（PC）

1. 设计阶段

● 根据策划阶段的各项技术标准，审查设计模型，并通过碰撞检测及净空分析，减少错、漏、碰、缺等设计差错，减少设计错误，提高设计效率。

● 根据碰撞和净空分析结果，综合考虑设计与施工要求，从系统角度对管线进行综合优化，合理布置管线走向和排布，提高净空高度，优化设计空间，提升设计质量。

2. 施工阶段

● 根据施工阶段的技术标准，审核施工阶段 BIM 模型，通过施工深化建

图5 BIM整体应用策略框架

模、4D 施工模拟和 5D 成本控制，优化施工方案，提高施工的可实施性。

● 针对欢庆之云的设计方案，BIM 工程师联合结构设计师进行参数化的优化设计，通过杆件自身切割折扭实现软过渡，实现云腿部分杆件截面及交汇节点优化，大幅减少铸件使用，使施工工期、质量等得到保证，降低建设成本。

● 配合业主，采用 BIM 技术进行 4D 施工模拟和进度比对，提高进度管控效果。

3. 运营阶段

● 根据业主单位的运营管理需求，提出运维模型要求，并指导运维单位承接施工总包提交的项目竣工模型并根据运维管理需要建立运维模型。

● 制定运维管理平台的功能模块需求，指导运维平台开发单位定制化开发一套运维平台。功能模块包括：空间管理、搬运模拟、设备管理和开放接口进行系统集成，将建筑智能化系统中的视频监控、楼宇设备控制系统、门禁等接入运维管理平台统一监管。

（四）全过程 BIM 咨询服务效益分析

上海世博博物馆项目通过基于 BIM 的全过程咨询服务，在经济、效率和进度方面取得了诸多定性和定量的价值和效益。经项目效益测算，经济效益约 1100 万，占总投资额约 2%；进度效益约 67 天，占总工期约 5%；数据流转效率提高至点对点。

## 四、总结与展望

通过上海世博博物馆项目，我们认识到：全过程 BIM 咨询需要站在业主的角度，从数据全过程的维度思考 BIM 的整体应用策略，以终为始，通过数据的产生——数据的集成——数据的应用和挖掘，最终实现项目的建设目标和运营目标，其整体框架如图 5 所示。

经过不断的项目实践和应用总结，我们认为：全过程的 BIM 咨询需要围绕“前置化的项目策划、专业化的过程管理、信息化的工具手段、数据化的工程资料、系统化的统筹协调”五项基本要素，通过全过程的 BIM 应用为工程建设前期提供更全面的信息规划，为设计施工期提供更准确的数据资料，为运营维护期提供更高效的运维管理。

2017 年 2 月 24 日，国务院办公厅印发了《关于促进建筑业持续健康发展的意见》（国办发 [2017]19 号），从七个方面对促进建筑业持续健康发展提出了具体措施，其中明确提出培育和鼓励发展全过程工程咨询，以及加快推进建筑信息模型（BIM）技术在规划、勘察、设计、施工和运营维护全过程的集成应用。提供全过程工程咨询服务将成为监理行业转型升级、提质增效的发展方向，而 BIM 技术在工程建设项目全生命周期的应用可以提高工程的数据和信息化管理水平，可以以此为契机探索“基于 BIM 的建设项目全过程工程咨询服务”，成为全过程工程咨询系统服务的探路者。

# 卡洛特水电站项目业主工程师的咨询服务

上海东华工程咨询有限公司　程升明

卡洛特水电站是巴基斯坦境内吉拉姆河（Jhelum）规划的5个梯级电站的第4级，上一级为阿扎德帕坦（Azad Pattan），下一级为已建成的曼格拉（Mangla）电站。坝址位于巴基斯坦旁遮普省境内卡洛特桥上游1km，下距曼格拉大坝74km，西距伊斯兰堡直线距离约55km。

工程为单一发电任务的水电枢纽，正常蓄水位以下库容1.52亿$m^3$，电站装机容量720MW（4×180MW），保证出力116.1MW，多年平均年发电量32.06亿kW·h，年利用小时数4452h。项目主要由拦河大坝、溢洪道、引水系统、发电厂房、业主的永久性营地、库区复建工程等组成。大坝采用沥青混凝土心墙堆石坝，最大坝高95.50m，坝顶长460.00m。

项目由卡洛特电力有限公司（私营）（KPCL）按照建设－拥有－运行－移交（BOOT）方式进行开发，KPCL是中方公司的子公司。项目采用EPC方式发包，通过国际招标选定为中方知名公司。

KPCL通过国际招标选定卡洛特水电项目的业主工程师，要求牵头方必须是一家非中国的国际知名咨询公司，具有2013和2014年国际设计公司ENR225强前100名以内。澳大利亚雪山公司（SMAC）、上海勘测设计研究院有限公司（SIDRI）和上海东华工程咨询有限公司（SECEC）组成的SSS-JV联营体中标，承担项目业主工程师任务。

## 一、业主工程师工作范围及内容

### （一）工作范围

根据业主工程师合同，卡洛特水电项目的业主工程师负责“设计审查、施工监理和项目管理”。服务范围大体上包括：设计审查；施工、制造、安装、装

配、试验和调试的监理；施工期和缺陷责任期内协助 KPCL 的合同管理和 EPC 合同的施行；协助 KPCL 执行安全协议、金融单据和其他协议，成功完成项目的特许权协议的管理与施行。

（二）工作内容

（1）项目设计和计划的审查。包括第一阶段和第二阶段的设计审查、施工图和施工方案审查、项目计划的审查、变更的审查。

（2）项目监理。包括质量保证和质量控制、施工过程监理、HSE 控制、承包商支付验证、会议、报告和文件管理。

（3）协助和与相关借款人的协调。协助 KPCL 协调利益相关者，进行合同管理和工程 EPC 合同管理以及实施安全协议和财务文件，并承担责任以确保工程设计、实施、施工、完工和调试委员会运作符合协议的要求。

## 二、联营体分工、组织机构

联营体项目经理及设计审查副经理由牵头单位雪山公司的人员担任，土建副经理及机电副经理由东华公司的人员担任。设计审查团队以雪山公司为主、上海院为辅，监理团队以上海东华工程咨询公司为主、雪山公司为辅，项目管理及协调团队由雪山公司负责。组织机构如下：

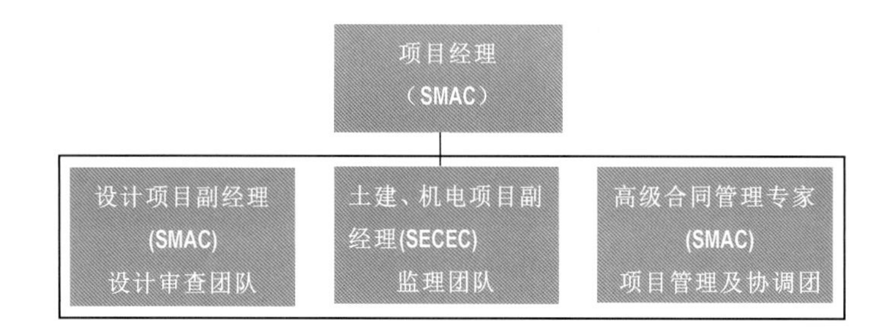


## 三、联营体运行管理

项目中标后，根据投标阶段签订的联营体意向书，经合同谈判签订联营体协议，联营体协议中明确联营体各方权利、义务、违约责任、联营体组织机构、合同份额、支付条件等。联营体各方根据业主工程师合同和联营体协议履行各自职责。

根据联营体协议，联营体重大问题的决策由联营体决策委员会决定。本联营体决策委员会由三人组成，分别来自联营体的三个成员单位高管。重大事项必须联营体决策委员会一致通过。

联营体实行项目经理负责制，设项目经理办公室，负责设计审查、监理、项目管理及协调团队间的协调与沟通，各团队负责人就各自负责的工作向项目经理负责。每月各联营成员单位将完成的工作量及人员考勤情况报牵头单位汇总计算进度款，后报业主支付。业主支付后，由联营体牵头单位支付其他成员单位。

## 四、跨国联营体模式的几点经验

（一）根据业主要求及联营成员实际情况合理分工组织

卡洛特水电站项目由卡洛特电力有限公司（KPCL）按照建设－拥有－运行－移交（BOOT）方式进行开发，根据相关协议，项目投资决定上网电价，工程投资最终需由 PPA 工程师、独立工程师及巴基斯坦电监会（NEPRA）审定。KPCL 是中方公司的子公司，投资卡洛特项目的资金来源自有资本金和多边开发银行、国际金融机构和商业银行。KPCL 在选择业主工程师过程中充分考虑业主工程师应具备与巴基斯坦电监会（NEPRA）、巴基斯坦私营电力及基础设施委员会（PPIB）、巴基斯坦国家电网（NTDC）、旁遮普省、阿扎德查谟克什米尔地区（AJK）、国际金融机构协调沟通的能力，以保证工程顺利推进。而上述的能力正是国内咨询公司和设计单位所不具备的。

雪山公司在南亚地区经验丰富，与巴基斯坦政府部门协调经验丰富。本项目联营体项目经理及设计项目副经理由牵头单位雪山公司的人员担任，项目管理及协调团队由雪山公司负责。

本项目采用的设计及施工规范均为中国规范，EPC 承包商为中国公司，所以，监理团队以上海东华工程咨询公司为主、雪山公司为辅，土建副经理及机电副经理由东华公司的人员担任。

（二）多国文化背景工程师团队需要磨合

SSS-JV 团队的咨询专家分别来自中国、英国、澳大利亚、德国、巴基斯坦等国家。人员的文化及教育背景，职业经历，生活习惯，宗教信仰不同，业主工程师团队必须互相尊重彼此生活习惯及宗教信仰，工作上互相配合才能有效完成服务工作。为此，东华公司选派的土建项目副经理及机电项目副经理均由有海外项目工作经历的人员担任。工作伊始，中方负责人加强与项目经理沟通，就工作衔接和生活习惯互相交底，避免误解。在工作过程中，及时与外方人员协调一致，进一步明确职责，避免工作盲区和重复劳动。SSS-JV 团队经过初期的磨合，已形成一个有力的团队。

（三）充分发挥自身优势，努力推进工程顺利开展

本项目采用的设计及施工规范均为中国规范，工程建设适用巴基斯坦法律，EPC 承包商为中国公司。检查及验收规范完全套用国内规范显然不适应。这就要求我们不但采用中国技术规范要求，还应根据国际工程惯例形成工程质量记录及过程控制数据。为此，我方人员进场后，组织人员将适用的规程规范翻译成英文版本，加强和 EPC 承包商沟通与协调工作，明确业主工程师与 EPC 承包商工作的界面。验收质量技术指标按中国规范执行，质量检查验收及评定采用国际工程常用的表格，并采用中文和英文双语，以便中外双方人员使用。业主单位、联营体牵头、EPC 承包商均表示满意。

（四）注重整合当地资源，适量聘用当地员工

巴基斯坦就业率不高，巴基斯坦政府鼓励使用当地员工。当地有较多曾留学中国的人员，业务水平、英语水平较高，懂中文，工资要求较国内低。公司通过当地工程咨询公司聘用 QC/QA、测量等专业工程师。业务水平完全能胜任现场工作，而且更便于联营体与当地政府、业主、EPC 承包商巴方人员的联系与沟通。

（五）充分熟悉并遵守当地的法律法规，尊重当地民族风俗、习惯

本工程所在的吉拉姆河左岸为克什米尔地区（AJK），右岸为旁遮普省。不仅要遵守巴基斯坦法律法规，还要遵守两省地方法规，如环保法、劳动法、安全法及税法等。为尽快熟悉当地法律法规，联营体为此聘请当地的 HSE 工程师、移民工程师及项目会计及法律顾问等加以解决。联营体也聘请了一定数量当地员工，项目参建各方均有大量巴基斯坦当地员工，要充分尊重巴方员工的宗教信仰、民族风俗、习惯。

（六）需要克服语言障碍

英语为巴基斯坦官方语言，本工程合同文件、设计文件、工程施工及监理记录等所有文件使用英语，会议、口头沟通均以英语为准。这对中方人员的英语语言能力要求高。为此，公司选派的主要负责人为具有海外工程管理经历，英语水平高的人员，主管工程师上岗前均经过英语强化训练。

（七）加强安全防范保卫措施

由于工程所在地临近阿富汗和克什米尔地区，安全形势严峻，中方人员的安全保卫工作非常重要，一方面聘请保安、军警保护，另一方面加强员工的安全防范意识教育，和中国驻巴使领馆保持联系，及时发布安全预警。还有节假日不去人群聚集处，不要单独外出，往返工地请警察护送等措施。

卡洛特水电站项目是我国实行“一带一路”战略的首个大型水电投资建设项目，也是“中巴经济走廊”首个水电投资项目，是迄今为止中国企业在海外投资在建的最大绿地水电项目。截止目前，业主工程师各项工作有序开展，项目建设稳步推进。随着我国“一带一路”战略的不断推进，越来越多的国内咨询企业会走出国门，开展设计、咨询和监理业务，项目业主工程师跨国联营体的模式也会在更多项目中采用。希望本项目的一点浅薄的经验能被未来类似项目借鉴。我们相信，卡洛特水电站项目一定会成为中国水电技术“走出去”经验的一个样板，将为中国水电技术和标准走向海外提供一个典范。

# 完善工程建设组织模式

中国建设监理协会　修璐

在国家经济发展进入新常态，行政管理体制改革不断深入以及工程建设市场需求逐步向多样化、高端化、集成化和国际化方向发展大背景下，工程建设监理行业发展环境有了哪些变化，遇到了什么样的新问题，尤其是行业发展政策作出了怎样的调整，是行业业内人士非常关注的问题。纵观发展环境，在行业发展政策方面，相关政策变化主要体现在国办发 2017 第 19 号文件《国务院办公厅关于促进建筑业持续健康发展的意见》和住建部建市 2017 第 145 号文件《住房城乡建设部关于促进工程监理行业转型升级创新发展的意见》正式出台下发。两个文件都对建筑业未来发展的总体要求和管理体制改革，市场管理和质量安全，人力资源培养和企业转型升级，技术进步和创新发展等方方面面提出了新的要求。其中最新的亮点是有关完善工程建设组织模式的政策要求，对行业发展影响最大，对企业转型升级调整指导性最强，需要业内人士和企业认真思考、学习和领会。本文拟就这一问题结合建设监理行业发展进行初步的分析与探讨。

## 一、完善工程建设组织模式

在国办发 2017 第 19 号文件《国务院办公厅关于促进建筑业持续健康发展的意见》中，对完善工程建设组织模式提出了明确要求。一是要加快推进工程总承包。装配式建筑原则采用工程总承包模式。加快完善工程总承包相关的招标投标许可，竣工验收等制度规定。二是要培育全过程工程咨询。鼓励投资咨询、勘察、设计、监理、招标代理、造价等企业采取联合经营，并购重组等方式发展全过程工程咨询。培育一批具有国际水平的工程咨询企业，制定全过程工程咨询服务技术标准和合同范本。笔者认为，这实际上是明确了未来建筑工程产品生产组织模式发展方向和主要模式是工程总承包。建筑工程产品服务组织模式发展方向和主要模式是全过程工程咨询。这是首次在国办文件中提出完善工程建设组织模式要求和目标，其政策层次，对行业发展的影响力和指导作用力度都是前所未有的。国家此时提出完善工程建设组织模式调整意见，明确未来发展方向，是结合我国经济建设和工程建设实际情况，为满足国家政治、经济发展的需要，为落实国家实施“走出去”和“一带一路”发展战略要求，在我国工程建设发展取得巨大成果的基础上，为进一步推动工程建设企业向国际化工程建设和咨询企业发展而作出的重大战略性调整，标志着我国建筑业发展已经进入了一个全新的阶段，影响深远，意义重大。

在住建部建市 2017 第 145 号《住房城乡建设部关于促进工程监理行业转型升级创新发展的意见》文件中，对监理企业转型升级也提出了明确的要求。就是要创新工程监理服务模式。鼓励监理企业在立足施工阶段监理的基础上，向上下游拓展服务领域，提供项目咨询、招标代理、造价咨询、项目管理、现场监督等多元化的菜单式咨询服务。这是住建部贯彻落实国办发 2017 第 19 号文件，结合建设监理行业实际情况，为推动监理企业转型升级向提供全过程咨询服务模式方向发展提出的具体思路和措施要求。文件同时提出，未来监理行业要形成以主要从事施工现场监理服务的企业为主体，以提供全过程工程咨询服务的综合性企业为骨干，各类工程监理企业分工合理、竞争有序、协调发展的企业类型结构。明确了未来监理行业工程建设组织模式和企业组织构架。

国办和住建部的文件为建筑业和监理行业未来发展勾画出了方向和目标，同时也提出了具体的措施和实现的路径。文件中也提出了当下具体操作具体思路，一是鼓励大型监理企业发展全过程工程咨询，培育一批具有国际水平的工程建设全过程咨询企业。二是鼓励投资咨询、勘察、设计、监理、招标代理、造价等企业采取联合经营，并购重组等方式发展全过程工程咨询。这就是说，从现在起，监理企业就要通过不同的途径，实现转型升级，逐步丰富和完善工程建设组织模式，推动和落实工程建设全过程咨询组织模式实施。

## 二、培育工程全过程咨询的有关问题

在完成工程建设组织模式调整，实现企业转型升级过程中，监理企业必将要遇到很多新问题，这将给企业带来许多困惑和不确定的东西。尤其是在培育发展工程建设全过程咨询服务转型中，对全过程咨询服务的概念、业务范围涉及内容、标准规范制定、市场需求成熟度以及相关政策法规制定等新情况了解掌握的信息很少，有些概念还很模糊，企业不知该怎样去做，无所适从。笔者认为，这是发展过程中正常的反应，新的事物需要不断的认识深化，在企业具体行动之前需要认真思考和研究有关问题。以下几方面需要提出来大家认真研讨，以便达成共识。

1. 对于监理企业来说，实现工程建设全过程咨询服务是监理企业转型刀级和组织模式调整的发展方向和最高模式，但不是唯一的模式。两个文件并不是要求所有监理企业都要转型成为能提供全过程咨询服务的企业，而是部分有条件、有发展潜力的企业，尤其是国家、地方大型骨干企业要发展成为具有国际水平的工程建设全过程咨询企业。按照住建部文件精神，未来监理行业的主体还是从事施工现场监理服务的企业，行业的骨干和行业水平的代表，以及落实“一带一路”发展战略走出国门，进入国际市场的企业应该是提供全过程工程咨询服务的综合性企业。因此，未来监理企业不是趋同发展，而是多样化发展。企业类型结构一定是多领域（专业）、多层次、各具特色和核心竞争能力，综合与专业相结合，相互依存，资源能力互补的模式。一定是与多元化、多层次市场需求结构相适应的结构模式。

2. 工程建设全过程咨询是一种项目组织实施方式，是一种更先进、更科学、更高效的项目组织实施方式。大型、综合性企业要通过自身培育，社会收购、兼并重组的方式发展成为全过程咨询企业。但全过程咨询并不是大型、综合性企业专属的项目组织实施方式。中小型、专业性企业也可以通过联营的方式建立联合体开展工程建设全过程咨询。因此，中小型、专业性企业要重点研究的问题是如何统筹利用社会资源，以全过程咨询服务模式开展业务。这是一项新的挑战。

3. 工程全过程咨询必须以工程设计为基础，因为工程质量、安全、成本、进度控制都与设计有关系，不懂工程设计无法对工程进行有效的管理。但以设计为主导并不意味着必须以设计院为主导，只是要求实施工程全过程咨询的企业必须具备设计能力，至于这种能力如何取得，方式是多样化的。

4. 工程全过程咨询和工程总承包（EPC）是不同的概念，工程总承包是工程公司的项目组织实施方式，受业主委托全面负责工程建设，完成后移交业主，也叫交钥匙工程，属于乙方。工程全过程咨询国际上一般是工程设计咨询顾问公司或咨询公司的项目组织实施方式，受业主委托，替业主完成工程项目管理工作，属于独立于业主和建设方的咨询方。一般一个企业不能同时既作建设方（EPC），又作咨询方（开展全过程咨询），这是国际惯例。

5. 文件中提到的培育全过程咨询服务主要是指某一类工程项目全生命周期的咨询服务中，投资咨询、勘察、设计、监理、招标代理、造价等咨询、项目管理类咨询内容的整合，解决的是由点到线，咨询内容的整合问题。但在市场经济条件下，市场需求是多元化的，企业将要面对建筑、市政、土木、工业等各类工程建设需求，解决的是从线向面，咨询内容的整合问题。因此，在培育全过程咨询过程中，要合理处理好由点到线，由线到面的发展问题。

6. 在未来工程咨询服务市场中，提供工程建设全过程服务平台与提供单一专业性服务平台，提供智力服务平台与提供劳务性服务平台将共存。引导企业向不同方向，不同特点，具备不同能力和资源的企业类型发展。不同的平台有不同的发展空间，不同的平台需要提供不同的服务，服务内容对人力资源层次和专业知识领域与水平、科学技术含量和工程经验积累、信息化水平和工程管理能力等将有不同的要求。这将影响企业人力资源建设、企业经营成本，也影响企业的经营方式和长远发展空间。监理企业转型升级首要问题是要根据自身实际情况和潜在能力合理确定市场定位，科学确定发展目标和转型升级方向以及切实可行的实现路径。

7. 监理企业对工程建设全过程咨询服务概念要有正确的理解。要充分认识到工程建设阶段是有限和确定的，但全过程咨询服务具体内容是无限的和不确定的。市场需求具体内容是变化和不确定的，是随着具体项目内容和市场需要变化的。既可能有技术方面的咨询需求，又可能有投资、经济、管理、法律、文化、环境、资源、市场等方方面面的咨询需求。既可能项目整体和全过程委托，又可能部分或单项委托。因此，企业发展工程建设全过程咨询服务应该追求的是全过程咨询服务自身统筹能力和社会资源整合能力建设，以及创新能力的建设。而不是追求企业自身大而全的建设，企业大而全是相对的，不是绝对的。

8. 从事工程建设全过程咨询服务，企业应具备为工程建设过程各阶段提供咨询服务和创新发展的能力。但工程建设全过程从项目策划、可行性研究、项目立项，到具体规划、勘察、设计、施工、验收运营到后期管理全过程周期长，咨询内容所需专业知识和经验跨度大、涉及面广，不是任何企业短时间内能够做到的，因此，对建设监理行业来说，在向工程建设全过程咨询发展过程中，应该有轻有重，重点应该放在行业熟悉的工程建设实施阶段，尤其是做好具有比较优势的施工阶段项目咨询和管理；首先要做好工程建设实施阶段咨询自身能力和资源整合能力培养和建设。

9. 发展工程建设全过程咨询服务，并不意味企业没有特点和核心竞争能力。企业要在具备综合咨询服务能力的前提下，培育企业具备独到的、排他性的比较优势领域或项目咨询能力，形成企业核心竞争能力。以核心竞争能力带动和推动企业全过程咨询服务形成，对企业成功转型升级来说是非常重要的。

10. 投资咨询、勘察、设计、监理、招标代理、造价等企业都属于咨询服务性企业，转型最高目标都是培育工程建设全过程咨询服务。相比于勘察设计企业，监理企业由于各方面原因转型难度更大，问题更多，面临的挑战更大。因此，结合和挖掘行业特点，巩固和发展比较优势，以核心竞争能力带动全过程咨询服务发展，并且重点利用和统筹好社会资源，通过联合经营、重组、收购兼并等办法形成全过程服务能力是监理企业转型升级发展的有效途径。

社会在发展，行业在进步，随着工程建设组织模式调整不断的落实，我国工程建设行业和监理行业发展必将进入一个崭新的发展阶段。

# 工程项目推行质量计划，提高监理质量控制效果

郑州中兴工程监理有限公司　刘天煜

**摘　要：** 本文介绍了在建设工程项目质量管理中推行质量计划，提高监理质量控制效果的理念，描述了质量计划定义，质量计划的编制、审批和质量计划的运行，并对现阶段质量计划在工程项目推行存在问题进行分析。

**关键词：** 推行　质量计划　效果

## 前言

在工程项目建设过程中，监理单位作为监控主体，其主要工作一般简称为“三控两管一协调一履行”，其中质量控制是监理工作非常重要的一个环节，质量控制效果将直接在工程项目的全寿命使用周期长时间体现。

监理质量控制的工作内容、工作方法、工作程序和职责权限主要来源于监理单位和业主签订的《建设工程监理合同》以及相关的法律、法规、规章、设计文件和其他相关规范性文件等。具体的监理工作在项目《监理规划》以及各专业《监理实施细则》的指导下实施。监理通过事前预控、事中验证、事后纠偏对项目质量展开监督控制工作。

我国监理制度实施20年以来，质量控制事中验证主要是进行巡视、旁站、平行检验，重点突出了监理单位的独立监督工作，对于施工工序的质量控制内容没有明晰的量化控制，施工单位对监理单位进行工序质量控制的介入点也存在一定的理解偏差，在工作中往往会因此而发生一定的工作矛盾，不利于监理工作的顺利展开。

工程项目推行质量计划，可以将监理质量控制工作进行细化、量化，并且可以加强施工单位、监理单位、业主单位三方对质量管理的共同协作、配合，便于质量控制工作的顺利开展，有利于提高项目质量工作的管控水平，对提高工作质量，有着一定的促进作用。

## 一、质量计划基本知识

ISO 9000-2015《ISO9000标准——基础和术语》中，质量策划（Quality Planning）定义：质量管理的一部分，致力于制定质量目标并规定必要的运行过程和相关资源以实现质量目标。（注：编制质量计划可以是质量策划的一部分。）质量计划的定义为：对特定的项目、产品、过程或合同，规定由谁及何时应使用哪些程序和相关资源的文件。（注①：这些程序通常包括所涉及的那些质量管理过程和产品实现过程。注②：通常，质量计划引用质量手册的部分内容或程序文件。注③：质量

计划通常是质量策划的结果之一。）

ISO 10005-2016《质量管理质量计划指南》以及等同采用的 GB/T 19015-2008《质量管理体系 质量计划指南》中，质量计划的定义：针对某一特定产品、项目或合同规定专门的质量措施、资源和活动顺序的文件。（注：①质量计划通常要引用质量手册的有关部分以适用于具体的情况。②按照计划的范围，需要加入一些修饰词，如“质量保证计划”“质量管理计划”。）

质量计划提供了一种途径将某一产品、项目或合同的特定要求与现行的通用质量体系程序联系起来。虽然要增加一些书面程序，但质量计划无须开发超出现行规定的一套综合的程序或作业指导书。

在 GB/T 50502-2009《建筑施工组织设计规范》中，质量管理计划是保证实现项目施工目标的管理计划。包括制定、实施所需的组织机构、职责、程序以及采取的措施和资源配置等。

在 GBT 50326-2006《建设工程项目管理规范》中，要求项目质量管理应按下列程序实施：①进行质量策划，确定质量目标；②编制质量计划；③实施质量计划；④总结项目质量管理工作，提出持续改进的要求。

在监理工程师教材中，质量计划是质量策划结果的一项管理文件。质量计划是针对特定的工程项目为完成预定的质量控制目标，编制专门规定的质量措施、资源和活动顺序的文件。其作用：对外作为针对特定工程项目的质量保证，对内作为针对特定工程项目质量管理的依据。

在《建设工程质量管理条例》第六条：国家鼓励采用先进的科学技术和管理方法，提高建设工程质量。

由上述有关法规、规范的相关内容可以看出，建设项目推行质量计划是有依据的，并且对提高工程质量管理水平有着积极的现实意义。

## 二、质量计划的管理理念

在工程实施过程中，对于单位工程，都有开工前准备工作（方案、人、材、机、环境等准备工作），准备工作完成后，提交开工申请，施工期间通过过程验收、竣工检验、资料移交使单位工程具备使用条件。

质量计划工作就是将工作细化，将单位工程的质量控制推行到分部分项工程上，如某某建筑给水工程质量计划，在给水工程质量控制上，参照单位工程的质量控制，进行开工许可，工序（检验批）质量验收、文件审查，合格确认（质量计划关闭）。

通过质量计划实施，可在每个分部分项工程上进行质量控制，验收环节细化到工序（检验批）验收，通过书面确认，避免验收遗漏，可将工程质量控制由粗放式管理转化为精细化管理，从而提升工程质量控制效果，提高建设项目质量管理水平。

## 三、质量计划的编制、审批

（一）项目质量计划体系

1. 项目质量计划可按项目分解进行编制：总体项目质量计划，单位（子单位）工程质量计划，分部分项工程质量计划。在具体实施过程中，重点是细化到工序质量的质量计划控制，如钢结构制作质量计划、防雷接地安装质量计划、基坑开挖质量计划等。

2. 项目质量计划可按工作内容进行编制：多用于大型设备订货环节如某某设备厂家制作质量计划。

本文主要描述施工现场的制作、安装质量计划的控制。

（二）质量计划的主要内容

质量计划应以表格形式编制，每项工作（质量控制点）由实施人（施工单位）、监督人（监理、业主）确认后，本质量控制点合格，可进行下道工序（质量控制点）的工作。

质量计划的主要内容包括：质量计划启动（含开工条件审查），按施工方案确认的工序设置质量控制点（包括质量目标，质量依据包含图纸、规范、法规或方案，检查方式、抽检比例等），文件审查，质量计划的关闭。质量计划关闭确认后，表明对此分部或分项质量的认可。

（三）质量控制点设置和选择

1. 质量控制点

H 点：停工待检点。H 点不经签字，不能进入下道工序施工。质量计划的启动和关闭必须是 H 点，过程中根据工序重要程度设置 H 点，一般情况下重要的隐蔽如混凝土浇注前检查点，或重要的检验试验点如模板拆除前混凝土试块强度报告检查。需要注意的是 H 点不能设置过多、过滥，否则影响施工的连续性。

W 点：巡视检查点。一般的工序控制点设置为巡视点。

R 点：文件审查点。需要对文件审核合格后方可进行下道工序的，必须在过程设置文件审查点，一般是针对检验、试验项目设定。如钢筋植筋拉拔力试验、管道保温水压试验、焊缝无损检验。工程完工后，质量计划关闭前，必须设置文件审查点，对本质量计划所形成的文件进行综合检查，合格后方可关闭质量计划。

2. 相关参建方对质量控制点的选择

1）施工单位对质量控制点的选择：施工单位对所有的质量控制点全部选择，施工单位在质量计划上的签字包括施工班组签字和质检人员签字。

2）监理单位对质量控制点的选择：启动和关闭点必须选择，过程 H 点必须选择，W 点视具体情况设置（如某项工序施工质量好，后续质量计划可降低 W 点频次；否则，提高质量控制点设置频次，甚至可要求施工单位将某项控制点提升至 H 点），文件审查点必须选择。

3）建设单位对质量控制点的选择：启动和关闭点必须选择，过程控制点视情况设置。一般情况过程 H 点要选点。需要注意的是，建设单位对某项质量控制点提升控制级别后（从 W 点提升至 H 点），监理单位和施工单位必须提升该控制点级别。

（四）质量计划的编制、审批

1. 施工单位的编制审批：施工单位施工方案经相关方审核完成后，施工单位可根据施工方案编制相应的质量计划。质量计划由质量负责人组织编制，项目经理批准实施。

2. 监理单位的审批：由相关专业监理工程师审批。监理单位重点审批质量控制点设置的合理性，是否存在遗漏、是否需要提升控制点级别，并进行选点。

3. 建设单位的审批：由相关专业工程师审批。

质量计划经各方审批完成后，由施工单位汇总后制作电子版，发相关方留存。

## 四、质量计划的运行

（一）质量计划控制点通知单

施工单位编制质量控制点通知单，根据监理单位和建设单位的质量控制点设置，将质量控制点通知单提前报送至监理单位或（和）建设单位。质量控制点通知单必须包括质量计划名称（及编号），质量控制点见证时间、地点。

建设单位或（和）监理单位相关人员在约定的时间，到达约定地点，进行质量监督检验工作。满足条件，签字放行；不满足条件，提出不满足条件的原因，施工单位整改达到条件后，重新报送质量控制点通知单。

（二）质量计划的启动

启动某项质量计划时，施工单位需提前将本质量计划的开启条件准备完成，如人员资格、材料验收、设备报备、场地条件、安全技术交底等准备完成，经核验无误，具备开启条件后，三方签字确认，启动质量计划。

（三）质量计划中质量控制点过程见证

根据选点情况和施工单位报送的质量控制点通知单，监理人员按照时间、地点要求进行见证。

监理人员应根据质量控制点通知，提前核对图纸规范，做好准备工作，明确质量要求、检测手段、抽检频次等要求，在监督检验时能“有的放矢”，提高监督效果。

个别质量计划可能需要分质量计划，如钢结构构件制作质量计划，制作过程的质量控制点对每个构件都适用，但又没有必要每个构件都编制质量计划，然后单个构件执行开工、文件审核、关闭工作。在这种情况下，可启动分质量计划，将每个构件的下料、组对、焊接、焊缝外观检验、焊缝无损检验、构件肋板制作焊接、焊缝检查、整体尺寸和外观检查以及除锈、防腐等工作作为单个的分质量计划，最终的文件审核可在总质量计划上将分质量计划控制点进行标注。

质量计划中监理没有选择控制点的工序，监理可作为日常巡视工作内容，进行抽检。

（四）文件审查

质量计划中的文件审查点，施工单位应及时报送相应资料，监理按照相应要求对文件的真实性、完整性、符合性等进行审查，未经文件审查或文件审查未通过的，不能进行后续工序的施工。

（五）质量计划关闭

经最终文件审核后，根据质量控制点通知单，在约定的时间、地点，建设单位、监理单位、施工单位共同确认质量计划是否具备关闭条件：如不具备，提出原因，施工单位进行整改；如具备，签字关闭。

已经关闭的质量计划，施工单位对质量计划进行复印，相关方留存纸质版文件。

（六）监理对质量计划的管理

监理单位应建立质量计划台账，根据施工单位报送的各方选点电子版，制作监理“消点”电子记录，消点后，及时在台账上登记消点人和日期，便于对质量计划动态管理。

每月施工单位报送一次质量计划清单，监理单位的台账和施工单位的台账进行核对，并对存在的差异进行核实。

通过对质量计划的启动、运行、关闭进行监督，可以对具体的工程质量做到动态控制、量化控制，也能促进施工单位提升质量管理水平，从而提升工程实体质量。

## 五、推行质量计划的几个问题

（一）目前，推行质量计划只能在政府投资占主导的特大型、大型项目开展，如核电。在其他行业的工程项目，推行质量计划不太理想。有的即使推行了，也是流于形式，与真正的质量计划运行还存在较大偏差。

（二）在市场经济条件下，开展任何活动都是要投入的。目前，相当一部分项目的监理招标还是低水平的价格竞争，优质优价不中标，没有活干，人员流失，企业都生存不下去了，再谈推行质量计划，也只是水中月，镜中花。

（三）当下的建设工程市场施工单位水平良莠不齐：还存在相当一部分的“借资质”情况（详见两年治理行动相关通报）；部分企业虽然有相应资质（不知道怎么取得的），但项目运作、质量管理水平的确是惨不忍睹；民营企业项目更是进行资本运作，搞垫资，好多是原来劳务分包队伍，筹资和房地产开发商合作来揽活进行工程项目建设，这类项目质量控制基本形同虚设，监理沦为施工单位不拿工资的质检员，这种情况下，在项目上推行质量计划是不现实的。

（四）因国家规定监理安全责任问题，只要发生亡人的安全问题，监理不管做的多好，都会因监理不到位的责任受到处分，轻则罚款或限制一段时间内执业资格，重则被判刑。监理人员低收入、高风险问题造成相当一部分人转行施工（一样责任，收入高）或低风险职业（业主方）等，现存监理人员在监理过程中首要工作是不出安全事故，保住监理人员自身和监理公司，因一个人精力问题，不可能面面俱到，强化安全了，质量控制投入就少了……这种状况也在一定程度上影响了质量计划的推行。

虽然现实情况下推行质量计划存在一定的困难，但无论从国际上和国内，一直以来也都着手进行着质量计划的推广，ISO 也制定相应的标准，国内也等同采用，随着市场经济真正的成熟，项目推行质量计划必定是大势所趋。

参考文献：

[1]《ISO9000标准——基础和术语》ISO 9000-2015
[2]《质量管理质量计划指南》ISO 10005-2016
[3]《质量管理体系 质量计划指南》GB/T 19015-2008
[4]《建筑施工组织设计规范》GB/T 50502-2009
[5]《建设工程项目管理规范》GBT 50326-2006
[6] 注册监理工程师教材
[7]《建设工程质量管理条例》

# 为监理行业的健康发展建言献策

山西华安工程监理咨询有限公司　刘利生

从 1988 年监理制度设立到现在已 20 多年了，监理制度对提高工程质量、控制工程投资和工期起到了十分重要的作用，为我国基本建设实现跨越式发展作出了自身的贡献。但是，目前这个行业不健康，就从以下三点来说：①社会地位不高。从监理行业定位来说是“高智能服务”，应该等同于医生、律师，最起码应等同于教师，属于中等偏上；因为大部分从业人员都是中级职称。现在，应有的社会地位明显与职责不对等。②待遇低下。试问：能够有“五险一金”的监理企业有几个？能够领到 12 个月足额薪水的监理企业有几个？能够像事业单位、国企单位领到取暖费、高温补贴的监理企业有几个？③风险大。施工建设安全生产，监理单位控制不了的因素很多，一旦有事就追究监理责任。典型的是清华附中安全事故处理结果，监理比施工单位处罚还重。就这上述三条就足以说明这个行业不健康，比不上公务员，没有公务员这行业吸引人。2016 年 3 月，住建部启动了《关于进一步推进工程监理行业改革发展指导意见》（征求意见稿）就是说明监理行业走到了岔路口，那么该往哪里走呢？有提议取消强制监理、弱化直至取消监理，将监理纳入政府质监、安监成为辅助者，还有提议向项目管理转型，等等。俗话说“天下兴亡匹夫有责”，作为一个身在其中的监理人，也谈谈我对监理行业的认识和建议。

提建议就如同中医开药方，通过“望、闻、问、切”对患者身体状况有一个了解和判断。

## 一、监理行业现在存在的问题

要谈这个问题就要先梳理一下监理行业的前世今生，现在是怎样的状况：分为三个阶段（该部分内容为引用资料）

（一）行业创立初期的定位（1988~1995 年）

监理行业在我国设立是改革开放之初为利用世界银行贷款进行工程建设，和国际做法接轨而引进的。即由业主聘请专家作第三方，通过专家与施工单位进行沟通，主导整个建设过程。因此当初设立监理行业时的定位：一是“高智能的技术服务”；二是“全过程的工程管理”；三是“监理单位是建设单位和施工单位之间矛盾的裁决者”；监理从业人员地位也等同于律师、医生。看似很“高大上”，实际情况是这样的情形从未实现。当时的“商品房”还只是停留在概念阶段，那时的建设单位基本上都是通过自建形式解决自身的生产和生活用房问题，所以在这个前提下国家在 1993 年在全国开始全面推行强制性监理制度，这对当时解决“投资无底洞，进度马拉松”的工程管理状况是有着积极意义的。不难看出我国的强制性监理制度设立的最初目的就是要求非专业的建设单位必须聘请专业的工程管理团队帮助其开展专业的工程管理活动，以解决“工程进度、质量、造价均由施工单位主导”的问题。

（二）规范调整阶段的定位（1996~2001 年）

这一阶段的工程监理定位除了体现“高技能的技术服务”外，还呈现“突出施工阶段的三控两管一协调”和“公正第三方”等特点。监理行业创立的同时，我国的房地产行业也如火如荼地发展起来。1992年房改全面启动，住房公积金制度全面推行，1993年“安居工程”开始启动，此时房地产业开始急剧快速增长。随着住房制度改革不断深化和居民收入水平的提高，住房成为新的消费热点，1998年以后，随着住房实物分配制度的取消和按揭政策的实施，房地产投资进入平稳快速发展时期。随着大量房地产公司的兴起，一个全新的工程专业管理行业诞生了。建设单位已从监理制度初创时期的绝大部分是不专业的演变成了绝大部分是非常专业的，不难看出强制性监理制度的设立基础在此时已开始被动摇了。

（三）稳步发展阶段的定位（2002年至今）

这一阶段，监理行业得到了一定程度的发展，但行业内外部环境的变化和一些偶然事件的推进，使监理行业的定位发生了巨大改变，目前工程监理行业定位已演变为施工阶段的“一控一管”（质量控制、安全管理），同时陷入了“一仆二主”的艰难处境，这些促使行业定位发生重大变化的因素如下：1.建设工程监理服务范围发生变化。随着我国对咨询服务业资质管理的不断深入，咨询服务业的服务内容随资质条件的限制被进一步细分。其中，2000年设立了招标代理资质和造价咨询资质；2005年设立了专门从事建设前期工作的工程咨询资质。随着专业资质的细化，建设工程前期咨询、招投标管理及投资控制等服务内容不再属于监理服务范畴。2007年，国家发展改革委和建设部联合发布了《建设工程监理与相关服务收费管理规定》，将建设工程勘察、设计、保修等阶段的服务活动列入相关服务范畴，工程监理的服务内容明确地被固化在施工阶段。2.确立了旁站监理和安全监理制度。1999年，时任国务院总理朱镕基在视察长江防汛工作中召开的五省一市座谈会上提出：“监理单位要严格履行职责，对项目建设进行全过程、全方位监理，严格把关；重要项目要实行旁站式监理，跟班监理。”这段讲话终结了理论界关于监理职业是否需要在施工现场旁站的争论，2002年《建设工程旁站监理管理规定》正式出台。2004年《建设工程安全生产管理条例》出台，规定监理单位和监理工程师个人对建设工程安全生产承担监理责任，在监理过程中发现安全监理隐患应及时要求施工单位进行整改直至暂时停工、报告建设主管部门。至此安全监理被正式纳入工程监理的范畴。3.增加了监理企业的社会管理职责。随着政府职能的规范，建设行政主管部门对各建设主体的管理权限也逐步被限制。2006年颁布的《行政许可法》对政府许可事项进行了明确，取消或削弱了政府在建设领域的审批和管理职能，原由政府承担的建设监督管理职能也逐步转嫁给了监理企业，使得监理企业承担的社会管理职责越来越突出，最后形成：监理是个筐，什么责任都可以往里装。

通过上述介绍，总结出监理行业现在存在的问题如下：

1.责任大于权力

现在建筑安全生产这个不属于监理应负的责任被强加在监理头上。2004年出台的《建设工程安全生产管理条例》规定监理单位和监理工程师个人对建设工程安全生产承担监理责任，安全监理被正式纳入工程监理的范畴。该条例的核心基本可概括为“连坐模式”，即只要施工单位出问题，监理单位就必须连带受处罚。“连坐模式”与安全生产法中的“谁生产，谁负责”的原则严重背离。试问一下，出现交通事故是否应处罚交警？我们再看看《中华人民共和国建筑法》中第五章建筑安全生产管理章节及第七章法律责任章节中均无监理需为施工安全负责的表述。这是捆住监理行业发展的最大枷锁。结论：按照下位法服从上位法的规定，《建筑安全生产条例》中关于监理相关责任应予废止。

2.取消监理取费标准的影响

对于广大业主，尤其是开发商来说建设费用越少越好，只是鉴于强制性监理制度并未取消，监理成为工程建设过程中绕不过的一关，才会有监理费支出一项，而这一项实际支出也比原定的监理取费标准低了不知多少。取消监理取费标准正合其心意，象征性的给个仨瓜俩枣就把事办了，何乐而不为？监理行为成了走过场。但是工程质量呢？靠现在这种施工管理模式，基本施工队伍主力全是农民工，还真是不放心，也真靠不住。照这样下去，监理费养活不了监理人，该行业也就快垮了。所以监理取费不仅要有标准，而且应强制执行，否则仍然是互相压价，压低监理人员工资水平，进而人才流失，不利于行业健康发展。

3. 取消强制监理的影响

任何一项建设工程的质量，无一例外地关乎人民群众的生命财产安全。为什么从监理行业诞生的那天起，就是强制监理？因为它代表的是公正的第三方，是代表政府部门信任的第三方，有它为工程颁发合格证才能让人民群众放心。就目前施工管理模式，管理层和基本施工队伍是两张皮，基本施工队伍主力全是农民工，他们的质量意识薄弱素质有待提高；管理层对自己施工的质量管理往往监督不到位。若取消强制监理，让建设单位、施工单位自说自话认定工程合格。一言以蔽之：后患无穷。因此不仅不应取消，还应将监理纳入成为政府对工程管理的最基层部门，使其成为有公信力的权力部门，只有这样，监理在工程管理上才敢说话，施工安全更有保障，使工程质量更上一层楼。

4.“一仆二主”，身不由己，哪头也得罪不起

“一仆二主”指的是监理单位为建设单位提供技术服务的同时必须向政府主管部门举报在工程建设中建设单位、施工单位的违规、违法行为。我们重温《建筑法》，里面并没有这样的规定。这样的规定又是出自《建设工程安全生产管理条例》。“一仆二主”模式违背了商业伦理，监理企业原本定位是受业主委托的工程管理或工程顾问单位，但现在却同时服务于业主和政府，前者是监理企业的“衣食父母”，后者是监理企业的行业主管，致使监理服务呈现“一仆二主”的尴尬局面。当业主和政府目标一致时（例如质量控制目标），监理工作开展较为顺利。当业主和政府目标不一致时，如安全和进度冲突、质量和投资冲突、进度和工程合法性冲突等，监理单位往往被推至左右为难的位置：不向政府举报，一旦出现重大质量或安全事故，监理肯定屁股上挨板子；向政府举报，造成社会影响，影响进度，你监理费还想不想要？所以，应该回归原本定位，各自承担自己的责任和义务。

5. 监理自身专业水平的问题

我们从国际上监理的作用，及我们理想中的监理定位看，它的人员应该是具有“高智能、知识全面、有一定法律知识”的综合性人才。而我们从《建设工程监理规范》中对总监理工程师和专业监理工程师的任职分别为中级及以上职称，3 年和 2 年以上工程实践就可担任的规定上就可知道，目前监理行业大部分从业人员的水平能够满足质量控制已不错了。从一个完整工程项目来说，项目监理部整体水平都不一定能满足质量控制，更不要说控制进度和造价了。因为以你这 3~5 年的工程实践经验来说，有些地基处理方式，新的施工方法还没见过呢，怎么知道如何把控质量、进度呢？因此要建立提高监理人员水平的制度。现行的监理再教育的形式纯粹是走过场，没有系统性。要想切实提高监理行业整体水平，应该由行业协会组织，强制监理单位对从业人员在工程淡季进行相关专业、法律综合性知识的系统培训，系统性培训内容深度、广度应随年限增加。如同医疗系统的进修一样，以参加系统性培训的年限确定监理人员的等级划分，就如副教授、教授一级一级递增。不然，你是总监，我也是，不管能力如何，不管项目大小，薪资一样，又成了行业内部吃大锅饭。当然，实现这样的制度，还是要监理行业取费达到理想状态，才能有钱进行。

6. 旁站监理

由于目前施工企业的现状（施工人员全部为农民工），施工单位自身的质量保证体系不健全，把监理单位的旁站式监理作为一种应急措施来运用本是无可厚非的，但是将这种应急措施制度化，导致的后果就必然造成质量管理职责的本末倒置。应该逐步从制度上保证施工企业自身的质量保证体系健全，旁站监理制度限期退出。

## 二、监理行业上游现状

监理行业是为建设单位和施工单位而存在的，他们是监理行业的上游，只有分析、解决他们存在的问题，正本清源，才能使监理行业健康发展。有

道是：问渠那得清如许，为有源头活水来。

（一）建设单位存在问题

1. 手续不齐全就开始建设是有法不依，执法不严。

2. 追求自身利益最大化，将工程肢解分包是暗箱操作，上有政策下有对策；

3. 追求政绩工程、献礼工程或急功近利，忽视正常规律，压缩合理工期，使工程安全、质量打折扣。

（二）施工单位现状

目前的施工单位已不是过去意义上的施工单位。过去，上至管理层，下到施工班组全是一个单位体制内人员，其施工管理人员、施工技术人员、质量检查人员、施工人员都是一个单位的，只不过岗位不同而已。一句话，是一个整体。而现在，管理层与劳务层脱离，管理脱节，尾大不掉；各自考虑己方的利益。

因此，其存在的问题简而言之有：

1. 施工企业自身的质量保证体系、安全标准体系不健全；各项管理制度形同虚设。

2. 企业资质不够，挂靠现象很普遍。导致工地实际管理人员并不是备案的管理人员。且为追求利润最大化，管理人员身兼数职，就是有水平也手大捂不住天。

3. 管理层与劳务层脱离，无法有效监督管理。

4. 涉及施工安全的起重、垂直运输设备大部分为劳务层租赁并管理，其特殊工种操作人员往往人证不符。

## 三、欲使监理行业健康发展应正本清源

上述现象积重难返，要想改变，非一夕之功，应逐渐扭转，而不是快速扭转。俗话说欲速则不达。为此，提出建议如下：

（一）解决建设单位存在问题，建议：

1. 有法必依，执法必严。出事故对法人采取惩戒手段。

2. 工程肢解分包问题，不在工地驻守的政府管理部门根本发现不了，而监理单位服务于建设单位，如同律师不会去做损害当事人的事。所以要想杜绝此事，应将监理引入政府管理部门机制，成为政府对工程管理的最基层部门，不再看建设单位脸色，使监理成为真正对工程建设各环节的监督者。

（二）解决施工单位存在的问题，建议：

1. 先从保证施工安全入手。第一，保证安全员配备符合项目规模要求；第二，对起重、垂直运输等主要设备采用指纹或人脸识别系统，非系统认可人员不能进行机械操作。

2. 逐步从招投标环节就剔除挂靠现象，并采取防止“上有政策下有对策”的办法；那就是对挂靠的双方采取刑法手段，否则不足以震慑该现象。

3. 一个项目是否是挂靠，质量保证体系、安全保障体系是否健全，往往是建设单位清楚，监理单位也清楚，就是政府主管部门不清楚，为什么？建设单位找这样的施工单位省钱，监理单位端建设单位的饭碗不敢说。所以还是把监理变成政府监督管理基层这个办法最靠谱。

## 四、综合以上观点，为使监理行业健康发展，进而实现监理行业向更高层次发展，提出如下建议：

（一）建设项目开始建设，手续必须齐全，否则按相关规定进行处罚，项目建设的法人负刑事责任。

（二）发现施工单位是挂靠的，挂靠双方法人负刑事责任、企业降级；强制施工企业退出该项目，所受损失自行承担。

（三）对施工单位质量保证体系、安全保障体系机构人员配备不足的，实行一票否决。

（四）违背了《建筑法》中对监理责任界定的《条例》、各种规定、办法及地方规定予以废止。

（五）将监理纳入政府管理部门机制，成为政府对工程管理的最基层部门。才配得上“监督管理”中的监理二字。

（六）执行强制监理、明确取费标准；进行强制取费。

（七）实行监理进修制度，提高从业人员整体水平。

# 监理公司三标准管理体系建设问题及对策研究

湖北环宇工程建设监理有限公司　张志诚

**摘　要：**随着ISO9001、ISO14001、OHSAS18002族管理标准被市场实践所验证，加上国有企业改革和工程建设管理体系的要求不断提高，工程建设的管理标准一再提升，如何保持工程建设监理企业的优质形象和优质服务能力是当下所有监理公司努力的方向。

本文在阅读了大量参考文献资料并结合自己工程管理和贯标组织工作的实际经验，分析了监理公司在工程建设监理行业发展的现状，并搜集了本省同行业的其他监理公司情况进行对比，发现对方的长处和自己的不足。再结合三标管理体系宣贯的大环境，分析监理公司在三标准管理体系建设中的种种问题，逐项提出解决对策方案，为监理公司今后的工程建设监理管理献计献策，同时对贯标管理体系认证企业也具有现实指导意义。

**关键词：**贯标　监理公司　发展策略

## 一、问题的提出与研究意义

（一）监理公司贯标现状

我国推行建设工程监理制度，先后经历了试点（1988~1992年），稳步发展（1993~1995年）和全面推行（从1996年开始）三个阶段，1997年国家就以法律的形式推出工程建设监理制度，规范了监理在工程建设领域的作用，工程建设监理制度得到全面推行。工程监理制在工程建设中发挥了重要作用，取得了显著的社会效益和经济效益。随着建筑市场的进一步发展及激烈的行业竞争，监理企业必须通过科学的管理体系和优质的服务质量才能保证立足于行业鏖战之中。但是公司在经营过程中难免还是会遇到不少挫折，例如：人员不断流失、意向明确和优势领域工程项目经常流标、标准化管理体系编制和实施过程“两张皮”现象长存、员工绩效和工资发放不规范等问题。现场反映出的问题层出不穷已经明显地说明公司在内部管理上出现了漏洞。

随着工程投标资格准入门槛的提高，很多重点工程在招标文件中都会对投标公司做出多方面的要求，尤其是最近几年提出的企业贯标要求，可以说一票否决制的三标管理体系认证证书成为监理市场投标竞争中通过初审的关键。

监理公司要取得审核通过，很多问题认证时是不能被查到的，认证单位为了迎合公司取证的心理要求，往往在监督时会有所顾忌，提出的整改问题也是企业能够轻松整改到位即可，许多问题并没有得到具体解决，这会给公司日后发展留下潜在的隐患。

（二）贯标对监理单位的实际意义

ISO9001、ISO14001、OHSAS18002 族管理标准是被众多世界国际企业的实践所验证，公认切实可行的。要达到公司管理工作的系统化，涵盖所有与质量、环境和职业健康安全有关的活动和人员，标准的执行过程可概括如下：

1. 建立健全公司组织机构，明确各岗位职责和权限，制定具体的工作流程。

2. 将三体系管理工作分解，根据贯标文件的要求，编制公司综合管理手册、程序文件和部门规章制度。

3. 进行过程控制，这一点需要分成两部分完成。一是监理公司本部结合监理管控要点“三控两管一协调”合理配备资源，在输入阶段和输出阶段精心策划，把控方向和制度。二是监理项目部的现场管理，结合公司的制度和各类管理标准有效利用本身的监理职权，保证各项工作的有序开展。

可以看出任何公司都需要建立一套适合自身发展的制度，制度的建设必须明确管理中的人、事、权、职、方法等要素，使管理思路清晰、严谨，趋于标准化。

但目前企业管理往往只看效益，忽视过程管理，导致企业运转出现许多问题和瓶颈。公司表面繁忙热闹却得不到应有的效益，总觉得人手不够，岗位职责不明确，分工不合理；工作上总以领导的要求为启动，缺乏主观能动性。三体系贯标就是围绕质量、环境和职业健康安全体系进行的标准化企业管理活动，就是要消除企业的不良习惯，在涉及具体的企业文化、管理方式、社会影响上都有积极改进作用，相信其作用将超过工作实际。

综上所述，贯标的意义，不仅是符合标准，与国际接轨，还在于提高企业的综合管理实力和社会价值。这是社会建设和企业发展的需要，也是个人发展的需要。

（三）“三标”对企业的影响

三标管理体系的运行对企业的高效稳定生产有着重大的影响。简要概括有：

1. 能为领导决策提供最详尽、最准确的数据。

2. 能帮助企业及时了解体系运行的健康状况，并根据结果及时分析体系存在的问题，从而更有针对性地对体系持续改进。

3. 能帮助各部门发现管理过程中出现的问题，从而引起各部门对体系的重视，有利于体系管理工作的开展。

4. 对体系进行监视和测量的过程也是体系监视和测量人员对体系进行深入学习和了解的过程，有利于体系监视和测量人员加深对体系管理文件的认识和理解。

5. 有利于监视和测量部门和其他部门的联系，从而打破部门壁垒，加强部门之间对体系管理工作的沟通。

可见，对三标管理体系进行监视和测量不仅仅是国家标准的要求，也是企业不断提高自身管理水平的内在要求，企业应该扎扎实实地做好该项工作，确保监视和测量工作的有效性。

## 二、监理公司管理现状

（一）通病问题

1. 有管理就有考核并且与监理项目部绩效挂钩。监理项目部在工程管理水平上层次不齐，每年的工作考核得分不高就是一方面，这方面是薄弱点。我们在否定项目部执行力的同时也需思考公司的“三标一体”制度是否被大众熟悉和应用。

2. 全体员工素质不同，对“三标”管理体系的认识参差不齐。例如公司领导和员工的认识差距很大，年轻高学历的员工和年长普通学历的员工认识也存在差距。

3. 公司根据自身的发展和变化，管理体系经常发生变化；管理方针和管理目标每年也需结合集团公司要求进行更新，部分体系文件甚至无法适应现场监理项目部的需要，仍需在实施中通过 PDCA 不断循环，积累经验，积极提高。

4. 内审工作覆盖面还不够，如财务部涉及公司的经营数据比较敏感，公司内审基本免审，需要的过程资料真实成分不够。

5. 监理项目部的监理工作存在许多不规范的地方。例如，程序文件中环境保护和职业健康方面要求填写的记录表监理项目部没有及时填写，标准化手册中明文规定的监理规划、报告、日志、月报、培训、旁站、检查、签证、验收检查等方面，也会因人而异出现多种版本。因此，要让自己符合贯标认证单位这个称呼，管理工作必须做细做实做标准化，决不能有丝毫懈怠。

（二）监理产品的特殊性

监理公司不同于生产、安装型企业，其贯标的内容主要表现在公司管理的制度、文件记录、体系建设等方面。监理企业要充分认识自身产品的特性，把三体系标准与监理企业的性质有机地结合起来，并形成适用于本监理企业的体系文件。监理企业的产品不是工程建造，而是整个工程是否合规的监理服务过程，包括监理日志、记录、报告、归档资料等。相反工厂的产品有实物呈现，监理企业的产品是不需要工程实体的，它与施工建造一栋楼房、工厂加工不同产品有本质的区别。因此，监理企业在编写三标准体系文件时，要考虑监理公司生产的特点，制定确保监理服务的程序控制文件。在过程控制中，施工企业的工作是做好开工前的施工组织设计，是申请开工相关的筹备工作，是工程机具、人员、资料、信息准备等具体控制工作，而作为监理企业重点把握的则是如何控制监理人员对这些资料完整有效性地审批。区分两者的特性，准确定位监理公司的地位，制定相适应的标准体系才能有效实施三体系贯标工作。

（三）合理转化标准

标准化的推广和应用是贯标的根本目的和作用。但要把三体系标准合理地转换到监理的日常工作中必须要结合好监理行业的特点。首先要处理好监理产品在市场上的定位，监理企业的产品不是搞工程生产，而是在法律法规的要求下完成业主委托，监督工程的完成过程，属于一种高智能的有偿技术服务。因此，服务过程就是监理企业的产品。很明显，监理企业的产品并不是实物，过程控制就成了监理贯标乃至生产时最重要的一环。像工程开工前的施工组织设计、开工申请报告的审批、测量的控制，人员资质、机械、原材料的有效期控制等；作为监理企业，管控的应是如何控制监理人员对这些资料审批的质量，这也是我们不同于施工单位的主要体现。三体系标准起初是为了完善和提高生产施工型企业而推广的一套管理体系，本身不能直接被监理企业应用，因此在贯标的同时把监理行业的管理规范、标准化手册糅合进管理体系是十分重要的。只有做好标准的转换工作，才能把监理企业的贯标工作做实，保证体系的规范化、制度化、科学化。比如说“设计和开发”，该条是 GB/T 19001-2008 标准中 7.3 条款，对大部分企业都是非常重要的一个体系。但作为监理公司，如前文所说其产品具有一定的特殊性，是不存在设计开发的，监理大纲和监理规划均已纳入 7.1 条款中产品实现的策划中，故公司管理体系过程中要删减“设计和开发”条款。

（四）贯标两张皮

“两张皮”在贯标企业中经常被提起，非常形象。类似于一个公司两套班子的做法，对外公司有三标一体管理体系，制度和要求绝对的国际化；对内怎么方便怎么来，所有要求和标准都为效益让步。一个是公司的脸皮，一个是公司的肉皮，缺一不可，所以每到贯标外审前几天，公司上下一片繁忙，各个部门加班加点填补各类记录，等审核一通过，又回到过去，所以文件和记录也是搁置到明年不会有任何的纠正和改进，完全丧失了贯标的初衷。具体归纳有以下四个问题：

1. 制度和实际执行情况“两张皮”的问题，特别是监理部策划文件与现场不符、风险管理要求和实际开展情况不符的问题比较突出。

2. 记录和实际执行情况“两张皮”的问题，特别是监理验评记录、现场交底和实际情况不符的问题突出。

3. 现场管理要求和实际需求“两张皮”的问题，特别是安全文明施工布置和现场进度不符，工程项目在创优夺旗工作中，存在的表面、表层、表演的“三表”现象不容忽视。

4. 贯标单位标准体系和现场管理落实“两张皮”的问题，特别是体系不完善、外审走过程的问题突出。

监理公司在三标准体系建设和使用过程中没有进行诊断和逐步提高，导致一年一次的审核流于形式，很多需要与时俱进的工作程序没有及时调整，自然导致后期工作的漏项或不适应情况出现。公司再在已犯的错误上进行改正难度就会明显加大，工作效果大打折扣，干扰管理者的判断。这种流于形式的贯标“两张皮”将持续影响着企业三体系管理，而且管理者的关注度和员工的标准化意识会决定“两张皮”问题存在周期的长短。

## 三、完善监理公司“三标”管理体系措施

（一）贯标带给公司的好处

贯标是与国际管理体系接轨的重要标志，是企业综合管理实力提升改进的方法，是对顾客和业主负责任的承诺。过去停留在形象表面的贯标已是历史，企业快速发展和管理体系的完善才是当下贯标体系要考虑的问题。接触了贯标，回过来看贯标能带给我们以下几点好处：

1. 贯标为公司指明了发展方向和道路，管理体系精细化、标准化、国际化才是今后工程建设监理的管理目标。

2. 贯标将提升企业文化内涵，树立良好的企业形象。

3. 贯标增加了各部门和员工的互动，有助于增强个人的企业归属感和团队间的合作意识。

4. 贯标能使企业与时俱进，获取更多的平台，让企业发展思维更开阔。

所以推进企业贯标建设是企业管理水平提升的工具。公司需加强宣传和培训工作，增强员工对贯标工作的理解和热爱，提高员工的积极性。同时注重公司发展实际，稳步高效地进行贯标工作，避免在运行过程中出现“两张皮”等顽疾。

（二）提高认识，加强最高管理层的持续关注

公司通过审核认证获得相关认证证书后，公司管理层对管理体系的持续关注和重视决定了“三标准”体系的生命。只有以总经理为代表的公司最高管理层认识到“三标准”管理体系是提高企业管理水平和与市场有效接轨的有效途径，才是保证企业在残酷的市场中立于不败之地的先决条件。最高管理者的“三标准”体系知识和工作态度，将直接影响三体系在企业的建立和推广效果，并关系到整个体系运行的成败。建议最高管理层做到以下几点：

1）从顾客的角度出发，主动思考业主的需求，以不断变更自我的态度延伸服务，达到业主的需求和期望。

2）以公司的市场定位和发展方向为基础，结合顾客的需求和期望，制定相应的管理方针和目标，通过沟通和措施改进进行过程管理，达到持续改进的效果。

3）重视员工“三体系”理论培训，为体系运行和改进提供人力资源支撑。协会每年都有三体系的培训，让各个部门轮流接受培训，增强公司的整体管理意识和能力，把公司管理体系的血液进行充分循环。

4）重视评审结果，有效利用管理体系的监视和测量结果，重视员工的“声音”，创造宽松、和谐的工作环境，做好持续改进就能持续提高体系的适宜性和有效性。

5）重视对员工的工作能力和业绩的评估，建立激励机制，在“三体系”应用和操作上鼓励实操和创新，让那些敢于为公司作贡献的人得到关注和展示自己的平台。

（三）分析问题成因，利用 PDCA 解决“两张皮”

PDCA 管理被公认为适用于所有管理过程，这里以监理项目部的管理为例，分析监理项目部在实践中的控制要点。

工程开工前，项目部要理清思路，要有实现控制目标的总体策划。策划应该明确项目质量、环境、职业健康安全方面要达到什么标准？为了达到

预期的目标标准，过程中会面临哪些问题应该怎么控制？然后组织编制施工组织设计，制定工作计划和目标，指明项目在实施过程中的特殊工序、关键过程节点、容易出错的控制要点，重点部位或危险性较大的专项施工要重点审查工程指导书或专项施工方案。在方案制定和目标设定上做到有的放矢。（管理的 P）

之后就要按照预定的计划、参考的标准和制定的目标通过过程实施来逐步实现（管理的 D）。计划的执行力通常会因为人的操作或外部环境出现很多不确定性，相同的工作在不同的人和不同的环境下会呈现不同的结果。这是反映个人能力和执行力差距的主要指标。

每一个分部工程或分项工程结束后总监要组织各参建单位，检查方案是否有效、目标是否完成，总结评价工程完成情况有没有达到预期目标，所有的工作完成后都要对照工作之初设立的目标来进行检验。（管理的 C）

验证分两步走，首先不考虑计划的好坏，只验证过程执行力，再好的计划措施如果执行不了那就根本谈不上效果验证。其次才是结果评估，找到计划失败的原因，重新评估和策划，确定后续工程中怎么纠正过失同时制定相应的预防保证措施并监督改进，使今后的工作更好地完成目标；当然目标实现后还需要总结经验推广开来。（管理的 A）

（四）理清思路有效开展贯标基础管理工作

把贯标工作切实落实到日常工作中，把如实填写记录做成常态工作。我们的贯标文件也要结合现场实际进行编制，归纳和汇总现场监理每天的工作记录表，结合工作需要制定计划，划分工作单元，细化工作内容。制定计划不能省略更不能一味照抄其他公司的管理体系，需结合自己的经营特点，按照实际进行汇编，总结公司需要做的，项目部做得到的，档案资料需要交什么？还缺什么？把消缺补漏的工作分配到平时，保证持续改进。公司和项目部按照文件所写的，要把做事和记录同步化，拒绝“回忆录”和“做假”，实事求是地完成自己的工作。贯标工作必将是一场持久战，指望一劳永逸那是不可能的，贯标只是在过程中提高和改进，从而达到标准的自然落实。

贯标工作简单来说，其实就是以标准化、规范化、科学化的要求指导我们完成日常工作。

## 四、总结

作为以工程建设管理和咨询为主的管理型企业，质量、环境和职业健康安全就是工程建设的生命，随着质量终身责任制、新安全生产法的颁布和环保要求的不断提高，公司发展已然同社会责任紧密相连。通过贯标促进企业的管理水平提升，通过贯标督促企业完成社会责任，通过贯标提高企业国际标准化。质量、环境和职业健康安全“三标一体”管理体系贯标工作还需要我们在过程中不断探索、改进和创新。贯标的目标是美好的，企业的管理提升是光明的。了解贯标，认识贯标，使用贯标才是打通企业管理瓶颈，增强企业综合管理实力的途径。

也只有真正将贯标与公司管理紧密结合，齐抓共管，使贯标更接地气，才能实现与公司管理高度统一，保证体系运行的有效性和适宜性，完成贯标工作的经济效益和社会效益。

参考文献：

[1] 赵睿.浅谈贯标工作的有效推进与实际开展[J].科技视界，2014，01.

[2] 陈怀耀.在贯标学习新版《建设工程监理规范》中应把握的重点和难点[J].建设监理，2014.

[3] 罗孟君.建筑工程监理工作现状分析与对策研究[J].科技创新与应用，2014，01.

[4] 毛鸿，高虹.构建三标一体整合管理体系文件[J].中国电力企业管理，2013.

[5] 张志俊.电力工程建设项目一体化管理体系的建立和实施研究[D].华北电力大学，2012.

[6] 廖聪.浅谈我国工程监理行业存在的问题及改革建议，江西建材，工程管理，2015.

# 影响团队战力的四大因素——在社会新常态中公司“减员增效”要求背景下的思考

浙江江南工程管理股份有限公司　周俊杰

“为什么敌人凶残的炮火、飞机吓不倒他们，并且表现了世界人类最大的勇敢、最强的战力？”这句话来自于《谁是最可爱的人·战士和祖国》。今天的我们无法体会那时战争的经历，但如果用心琢磨下，是否可以吸取前辈们的精神用来武装正在商战中的我们？我认为是完全可以并有必要的。因为随着国内传统固定资产投资建设规模的大幅减少，国家政策的逐步调整与执行，国内原有典型的工程咨询市场已被刷新，市场已让相关企业面临着前所未有的挑战。当企业面临挑战时，项目团队会置身事外吗？显然不会，只能以提高战力来迎接挑战。

在此，本人以新常态的时代背景结合公司“减员增效”的主题，以前几年的项目实施为主要蓝本，简单谈谈影响团队战力的几大因素：

## 一、价值观

价值观是基于人的一定思维感官之上而做出的认知、理解、判断或抉择，也就是人认定事物、判定是非的一种思维或取向，从而体现出人、事、物一定的价值或作用。比如，我经常和项目上的员工讲我们要为谁工作？

一要为自己工作。要努力、认真的工作，在工作中实现自身的价值，然后得到应得的薪酬和奖励，并且经常总结经验，实现个人综合能力的“持续螺旋上升”，为实现更大的价值和得到更多报酬做准备。我还会鼓励个人通过正道赚更多钱，比如兼项、兼职等，但要记住，利益相关单位的酬劳一律不得收取。

二要为公司工作。在工作中，任何个人能力的表现都是江南公司实力的一个外在体现，相关单位及许多外界人士对公司的评价往往是来源于项目中任何员工的一举一动，随机性很强，但我们又无法预知他们何时观察，所以只有每时每刻以高度的责任感坚守江南公司的品牌形象。并且要把“高品质服务成就客户，以引领行业发展成就企业”的使命落实到工作中，我也把这样的做法看作是个人对公司最好的报答。

## 二、执行力

所谓执行力，就是把上级的命令和想法变成行动，把行动变成结果，从而保质保量完成任务的能力。结合自身的工作实践，谈谈对执行力的理解与切身感受：

首先，要有执行力，思想要负责、进取。有目标、有追求的人，动力才会更强。反之，在生活、事业上，得过且过、不思进取的人很难完整地描绘出什么叫“大责任感”（更宽、更精、更久），更不要奢望他会尽心尽力做好工作。并且当所有人都在进取的时候，我们还需要把挡位切换至“快挡”。因此，要提高执行力，就要有强烈的责任意识和进取精神，把工作标准调高，精神状态调好，自我要求调严，认认真真、尽心尽力、不折不扣地履行自己的职责，绝不消极应付、敷衍塞责。

其次，要有执行力，行为要踏实。古今事业必成于实。虽然某些岗位可能平凡，分工各有不同，但只要埋头苦干、兢兢业业，就能干出一番事业。2015 夏天，本人负责的一个浙江省“五水共治”项目开始启动，公司负责项目顾问，项目地域面积 70 平方公里，属低山丘陵地带，项目涉及不同管径排水管线总长 475 公里，分散于 57 个自然村的约 9500 幢农民房及乡村道路中，虽然我们已经早有项目执行的设想，但如果要保证效果落到实处，就必须对 70 平方公里山区 57 个村的设计方案不只一遍地进行地毯式盘查与优化。大家顶着烈日高温，步行或者骑着自行车进行室外作业，有的项目成员手上晒掉了几层皮，有的成员走路走到膝关节积水胀痛。最后，项目组不折不扣，高标准地完成了合同约定工作，业主评价说，这次顾问成果至少为他们节省造价成本 10% 以上，非常值得。因此，要提高执行力，就必须发扬务实、勤勉的精神，从每一天的小事做起，一件一件抓落实，养成脚踏实地、埋头苦干的作风。

再次，要有执行力，动作要迅速。另外一个“五水共治”项目，我们原先提供工程监理服务，在服务过程中适当地提供了一些增值服务，使建设单位充分感受到了服务的附加值，提出了后续项目要采用工程监理（含项目管理）服务模式。项目从管理模式提出到定标，竞争对手也许还没来得及反应。所以，“其疾如风”的理念在项目操作过程中非常值得重视。我们现在做的所有工程项目，从管理监督的角度看，都有多个方面的力量存在，可能建设单位有工程部，代建单位有工程部，使用方有监督人员，等等，我们也是其中的一股监督力量。当现场有问题客观存在时，是否最先发现的一方有明显的发言权和主动权？长此以往，有发言权和主动权的一方是否就会逐渐建立威信？有了威信是否有利于工作开展？所以，我们每项工作都要立足一个“早”字，落实一个“快”字。

最后，要有执行力，方法要灵活。“互联网 +”这个词是我们国家当下这个时代的典型热词，2012 年 11 月被首次提出使用，但我坚定的认为，5 年后我们一定不会再提“互联网 +”了，因为所有的企业都已经完成了“互联网 +”的使用、改造或升级。我一直在思考，如何把互联网 + 的概念落实到我们的项目管理实施中。去年，由我方在项目上发起并建立项目微信群，要求建设单位、监理、施工、设计等单位全体系加入，及时反映项目设计、施工及监理等情况，图文并茂，大幅提高了各方的沟通效率，并且让许多沟通要求形成了过程记录，在一定程度上起到了项目碰头会、备忘录的作用，减少了许多扯皮现象，效果和效益都非常好。对公司而言，尤其可以集中优势力量解决项目问题，大大减少了甲方的怨言和投诉，很好地回避了许多因现场监理人数不足而产生的次生问题。虽然项目微信群不是做项目的主要决定因素，但这个方法确实起到了很大的作用。

## 三、技术学习力

我们都希望过上美好的生活，我们应该积极地面对人生。作为专业的项目管理者，怎样才能算是积极呢？是否对专业技术能力的孜孜追求就是一个非常重要的衡量指标？有位大师说过：“世上没有无用之人”还有科学研究证明，通常每个人的潜力只有被挖掘10%~20%，剩余的80%~90%潜能到死都没有被挖掘，最终被带进了坟墓。为此，我平时就一直有着对能力不断提升的要求。在我的团队里有这么一个人，进公司5年零7个月，总共参加了13次考试，取得了大大小小8本职业资格证书，而且发展的趋势还在继续。此外，我们在学习方面还要和时间赛跑，现在的社会已经没有“金饭碗”，唯一的“金饭碗”就是拥有高人一筹的学习能力。比如，两个同样是24岁大学毕业的30岁的员工，一个在毕业后读了365个小时书（每天十分钟），另一个在毕业后读了4380个小时书（每天两小时）。六年后结果怎样？很有可能后者的能力已经是前者的10倍以上了。这样的员工会给项目部和公司带来什么？除了效益，一定还是效益。

## 四、威慑力

去年，我的团队在做的“五水共治”项目陆续开始实施，总共有37个行政村（合计125个自然村），层层分包后累计的施工包工头就超过50个，许多包工头一进场就想“搞定”监理人员。对此，项目部制定了明确、严格的廉洁纪律，项目经理和副经理以十倍金额处罚，其他人员以五倍金额处罚，同时承诺一经发现无条件接受公司严厉处罚，要求项目部的每一位员工对廉洁纪律签字上墙并挂在办公室醒目位置，在监理例会上还特别要求施工单位不得对项目监理人员提供利益输入。“不拿、不吃、不卡、不要”换来了“敢说、敢做、正直、可信”的团队风气，成了团队能打硬仗的软实力。我们一定要坚持原则，坚守职业道德，尤其是对项目的关键工作要做到寸步不让。所以，作为项目带头人，应该尽全力把廉洁实力和技术能力有机组合，形成做必成，成必久的强大威慑力。

总之，一支始终具有威慑力标签的团队，一定是高效率的团队，因为你的威慑对象没必要总是试探你，在他们眼里，往往为试探而产生的付出都是徒劳无用的。理所当然，具有威慑力的团队也一定会是高效益的团队，乱糟糟的事情少了，投入的人力等成本也就随之少了。

# 当好总监理工程师的几点体会

攀钢集团工科工程咨询有限公司　鞠冬颖

**摘　要：**项目总监理工程师（下简称总监）是监理单位法人代表书面任命并派往工程现场主持项目监理机构工作的注册监理工程师，代表监理单位全面履行监理合同。面对日益激烈的监理市场，总监综合能力的强弱将直接影响工程监理服务质量的好坏，总监的综合能力也是确保监理单位荣誉和赢得市场竞争力的关键因素。本文结合自身14年的项目总监工作实践，从总监职责作用、应具备的综合素质、如何带好项目监理机构等方面谈谈当好总监的一些体会。

**关键词：**总监　素质　体会

## 一、职责作用

《建设工程监理规范》GB 50319-2013 总则 1.0.7 条明确“建设工程监理应实行总监负责制”。总监作为监理单位派往工程项目全面履行监理合同的代表，对内向公司负责，对外向项目业主负责，是整个项目监理机构的策划者、组织者、协调者和监督者。因此，项目总监能否凝心聚力，汇聚各方力量，充分发挥资源优势和充分发挥自身综合水平，对履行监理合同赋予的责任和义务具有极其重要的影响力。同时，《建设工程质量管理条例》也明确规定，总监承担工程质量终身负责制。这“两制”都赋予了总监重大责任，监理工作中，总监承担着法律责任和民事责任，项目总监必须认真发挥自身的职责作用，带领监理机构圆满完成监理任务。

## 二、思想品质和职业道德

“做事先做人，正人先正己”。要当好总监，首先必须具备良好的政治作风、思想品质，廉洁自律守住监理职业道德界线，树立高尚的职业道德、良好的个人修养，赢得建设单位信任和依托。其次有强烈责任心，为人正直、品行端正，恪守注册监理工程师职业道德，遵守“公平、独立、诚信、科学”的监理准则。第三，发至内心热爱自己的工作，珍惜自身的工作，能持之以恒工作在艰苦环境的现场，在现场监理部成员面前处处以身作则，吃苦在先、诚信待人、勇于承担责任、积极自信、乐观豁达，拥有良好心理素质和充满正能量。

## 三、应具备的综合素质

（一）加强专业素养、作复合型总监

“工欲善其事，必先利其器”。要当好总监，不仅要精通所学专业知识，还应该是工程建设的“多面手”“万事通”，如具备法律法规、经济管理、项目管理、建设工程相关的专业知识等。“工贵其久，业贵其专”，在工作中不断学习和拓宽自己的知识面，增强解决实际问题的能力，提高监理服务水平。

（二）总监应具备的沟通协调能力

要当好总监，必须具备良好沟通协调能力，带领项目监理机构与建设、设计、承包方、政府部门有机合作是实现监理工作优质服务的一项重要内容。在监理实践过程中，监理主要是与建设、承包交往配合，在这个过程中，既要严格管理，又要热情帮助；既为建设单位优质服务，又要维护承包单位合法权益，从而使工程建设按规定目标实现质量高、进度快、投资省的目的。

1. 组织协调工作的基本原则

1）必须以合同为依据，充分认识到协调不是“和稀泥”，对产生不协调的双方，应分清责任予以解决并使双方在新的基础上达到协调一致。

2）站在公正的立场上协调，以理服人。

3）决策要果断，抓大放小，要有权威性，在一些问题上不要怕得罪人，要有基本原则。

4）总监要作合作协调的表率。

2. 与主要参建方组织协调的主要内容

1）监理内部的协调：总监与各监理人员之间、各专业之间及各层次之间的协调，既要有明确分工，又要能很好地团结协作，形成一个牢固的集体；总监与监理单位各职能部门之间的关系协调。通过这些内部协调有利于加强监理内部团结，提高工作效率；有利于互相学习取长补短，提高监理服务水平。对内要多关心监理机构每个人的工作情况、生活状况，有困难要尽量帮忙解决，努力在团队内部创造一个和谐、团结的工作氛围。一个优秀的监理机构是顺利完成监理工作的前提条件。

2）与建设单位的协调：总监通过过硬的工作能力，展示出自身的业务素养、人格魅力，取得业主的信任、理解和大力支持，从而有利于监理机构高效地开展各项监理工作。

3）与承包单位之间的协调：总监以身作则，带领项目监理机构保持良好的监理形象，掌握工程每一个环节的难点、重点、关键点，充分发挥监理专业知识和工作技能，在不违反规定及制度的情况下积极支持、指导施工单位的工作，做到对工作监督、控制，对人员言传身教；在工作上密切配合，在生活上保持一定距离，保持高风亮节，站得直、行得正。做到让施工单位心服口服，利用合同、设计及相关规定的要求严格把关。对于施工单位不履行和不按要求履行监理指令的情况，监理机构首先要分析原因，找出问题的焦点，根据具体情况迅速解决。协调好与承包单位之间的关系，取得其理解和配合，这是实现工程目标，保持项目进展最佳状态的关键。

4）与政府建设工程监督部门之间的协调：积极按照各种规定做好监理工作，虚心向主管部门学习地方规定及要求，尊重主管部门的领导。取得政府质量监督部门的配合，充分利用其对承包单位的威慑作用，对规范施工单位的质量行为有时效果非常明显。如2017年8月开工的攀枝花学院医学实验楼工程监理，由于工期紧、任务重等因素制约，实施中部分设计变更项目未履行审图程序擅自变更施工，经与质监站沟通并由其下达监督指令要求在主体结构验收前必须完整补充设计变更审查文件，否则不予验收。为此，施工配合建设单位快速完成了审查备案程序，通过沟通问题处理效果好。

## 四、带好项目监理机构

（一）抓好项目监理机构的组织建设

要当好一名总监，必须依靠团队力量。总监个人的能力毕竟有限，关键就是管人。包括用制度管人，选人、用人、留人，授权、沟通、流程管理、监督、考核、激励等，从而凝聚人心、发挥人员潜能、提升整个监理机构的战斗力。首先要建立健全的岗位责任制，明确各监理岗位的职责，知人善任、用人之长、避人之短。强调监理工作纪律，以制度管人、严格要求、令行禁止。要善待下级监理人员，关心他们的工作和生活，加强内部团结，善于化解矛盾，相互协作密切配合。其次是要建立健全的规章制度，使监理工作制度化、程序化、规范化。监理工作制度主要有设计文件和图纸审查制度、监理工作交底制度、开工报告审批制度、材料/构配件/设备检验及复检制度、设计变更制度、隐蔽工程检查制度、安全检查制度、工程质量及安全事故处理制度、监理报告制度、监理日记制度、会议制度、文件收发制度及往来文件规定时限制度等。要求项目监理机构人员按工作制度和程序办事，保证整个监理机构工作程序在有条不紊的状态下运行。

（二）打造学习型的项目监理机构

项目监理机构各专监具备扎实的知识底蕴是弘扬自身工作，自信快乐有成就感的关键条件。要当好一名总监，就得以身作则起到引领和标杆的作用，带领各专监不断学习，形成一种互动的、浓厚的学习氛围。首先要做到对设计文件、施工验收规范熟记于心，对于新的知识、新材料、新工艺要及时学习，这样工作起来才能有的放矢。其次组织各专监积极参加公司提供的不仅限于监理再教育的各种知识培训。第三，监理部内部各专业的相互渗透学习，不定期的组织优秀专监授课。总监不定期的组织监理部全体人员消化施工图纸，学习新规范、新标准，在监理过程中言行有理有据，树立值得信服的监理形象。如攀大 2017 年 7 月 28 日的设计交底和图纸会审，由于土建专监提前认真系统地消化了图纸，在会上提出诸多深刻的设计问题，对应设计人心悦诚服地接受并修正或解答，同时也得到建设单位的由衷赞扬；再如我在 2009 年攀成钢 50 万吨/年高速线材生产线项目担任总监工作期间，将消化设计、熟悉规范当做重要监理工作抓，制定了每周固定学习日并雷打不动地落实。召开会议，主要是对每个监理人员在工作中暴露不良问题进行客观真实阐述和分析，并对应图纸、规范查找问题根结，总结经验教训杜绝类似问题的再次发生；要求每道工序、分部分项工程验收前所有专监必须提前对应消化设计和规范，并做到脑、腿、口、手四勤，形成的监理资料必须与实体同步并完整规范。最终监理效果得到业主肯定，监理竣工资料得到攀成钢档案馆的高度赞扬并作为榜样案例。

（三）打造守律清廉的监理人

当好总监的首要条件就是守法，总监必须以身作则，要有“事不避难，义不逃责”的勇于担当的精神。在工作中时刻要求自己和监理部所有成员必须坚持原则、秉公办事、清正廉洁，自觉抵制不正之风，不索贿、不受贿，不参与一切与本工程有关的兼职、任职、合伙经营和交易。将遵纪守法不仅当作是一种倡导、一种禁令、一种做人做事的底线、一种不可逾越的红线，更要从道德层面培养团队成员一种高度自觉，成为一种植根于心底的觉悟和无须提醒的人生价值观。

（四）因材施用、真诚对人、胸怀广阔。要当好总监，必须根据团队成员各自的性格、专业能力、协调水平等让合适的人做合适的事，并在日常工作中细致观察并针对性进行工作沟通，对优秀的监理人员不定期的报告公司给予表彰奖励或调整工资待遇，让每个专监、监理员找到价值感，让他们为自身辛劳得来的出色工作成果而自豪。真诚地关心每一位团员，让他们把总监当成朋友或亲人，愿意为团队的利益、荣誉而辛苦踏实做事。总监不耻下问，虚心向优秀专监请教专业知识，真诚友好地对待向自己提建议和意见的人，与专监问题处理思路和方法不一致时，必须履行集体共同科学分析论证后决定，绝不独立孤行。

监理单位人才资源建设是企业创新发展、竞争发展、持续发展的软实力，优秀总监是其最宝贵的财富，不仅决定着监理竞争能力的基础，也是决定着企业荣誉和经营效果、社会效益的条件之一。当好项目总监的关键就是专业技术上、管理水平上以及领导艺术和组织协调能力等方面具备较高的造诣，这样才能够有效地领导项目监理机构顺利地完成监理合同。同时，总监还要会带团队，成就一支能战斗、打胜仗的优秀项目监理部，这是做大、做强监理企业的关键所在 v。

参考文献：

[1]《建设工程监理规范》GB/T 50319-2013
[2]《建设工程质量管理条例》国务院令 第279号

# 晨起先试春江早　水暖风正好腾越——晨越建管董事长王宏毅谈实施全过程工程咨询的历史机遇

吴国文

今年年初，国务院办公厅印发了《关于促进建筑业持续健康发展的意见》国办发 [2017]19 号 ( 以下简称《意见》)，这是建筑业改革发展的顶层设计。《意见》明确指出 :“要培育全过程工程咨询。鼓励投资咨询、勘察、设计、监理、招标代理、造价等企业采取联合经营、并购重组等方式发展全过程工程咨询，培育一批具有国际水平的全过程工程咨询企业。”

“春江水暖鸭先知”，为探访国内先行实践的优秀企业，推广他们的经验，尽快尽好落实《意见》精神，记者吴国文专程采访了成都晨越建设项目管理股份有限公司 ( 简称 :“晨越建管”股票代码 : 832859 ) 党委书记、董事长王宏毅先生。

## 久游激流里　早觉春江暖

刚过知命之年的王宏毅看上去要年轻得多，但一开口，那份从容、沉稳和有条不紊就尽显阅历的丰富、眼光的敏锐、格局的宏大。

1986 年，王宏毅进入冶金部第五冶金建设公司工作，从一线员做起，到工程主任，再到海外公司总经理，一干就是近 20 年。援外期间，他足迹遍布巴基斯坦、尼泊尔、缅甸、伊朗、科威特、厄立特里亚、塞拉利昂等亚非国家，工程涉及输变电、水利、公共场馆、道桥、糖厂、水泥厂、污水处理厂等大型援建项目。

“当时我们做的是国际工程总承包，甲方聘请的多是欧美国际工程咨询公司，我在工作中逐步熟悉并掌握了国际惯例的全过程建设管理模式，一直希望把这种先进、高效的建设组织模式引进国内。”王宏毅回忆。

2004 年，国务院出台了《关于投融资体制改革的决定》，提出要“投、建、管”三分离，第一次从建设项目全过程角度明确了建设项目管理方的地位和作用，这为中国工程管理行业与国际惯例接轨提供了政策依据。也正是在这一年，晨越建管正式成立。

经过 13 年的发展，晨越建管已成为拥有 26 项专业资质，业务覆盖项目管理、工程咨询、造价咨询、招标代理、工程监理等工程管理全领域的公众公司。

“5・12 汶川地震”时，面临最大

问题就是灾后重建。时间紧、任务重、压力大，可研、造价、监理、招标等工程管理环节分离带来的系列冲突和问题爆发出来。当时，晨越建管承担了绵竹 4 个乡镇总投资近 22 亿元的重建任务，为加快进度，顺利完成重建任务，晨越向绵竹市委、市政府提议将可研、设计、造价、监理、招标打包，用“管理总承包”的集约化建设管理模式推进，得到积极支持。事实证明，晨越的建议非常管用：各类工程管理业务的整合在多个重点项目上顺利实施，使得原本需要 3 年的建设任务，在 2 年之内即保质保量地完成了。其中的“年画村”项目，多位国家领导人莅临视察，给予了充分肯定，获得了表彰。

“全过程工程咨询”模式在国内重大建设任务中的第一次亮相，就充分发挥了模式的先进性，显著提升了建设管理的效率。此后，在“4·20 芦山地震”灾后重建中，晨越建管作为项目总管理方，对雅安市本级总投资约 50 亿元的建设项目又实施全过程管理，进一步发挥了全过程咨询的优势。

王宏毅深知，管理和创新是企业健康、快速、长远发展的两翼，缺一不可。因此，在他的带领下，晨越建管不断地践行着。

## 创新建世界　创造赢天下

多年海外工程总包的经历使王宏毅清醒地认识到：只有持续创新和学习，才能保持企业的发展！

在实践中，晨越建管创造了“管理 + 分成”模式，即以业主方确定的投资控制价实施目标管理，投资节约部分管理方和业主方按比例分成。这正是《意见》中所鼓励的模式。在四川省装备制造业科技服务港（产业化基地）项目中，即采用了这种模式。

在“科技创新”方面，晨越的 BIM（建筑信息模型）技术服务，已布局多年，其在四川大剧院、成都市城市音乐厅、中国工程物理研究院等大型项目中都实施了全过程 BIM 咨询服务。在四川大剧院项目中，晨越建管开创了“BIM+ 全过程工程咨询”模式，并获得四川省科技支撑计划立项，将 BIM 的数字化全过程生产协作与全过程工程咨询整合起来，使工程管理的手段和效果发生了质的飞跃，也正因如此，晨越敢于承诺项目获得“鲁班奖”，而在此前也有先例。

晨越在携程信息技术华西区总部大楼项目中，就敢于同业主对赌，与业主立下赌约：该项目拿到“天府杯”，业主奖励晨越 300 万；拿不到，晨越赔业主 300 万！豪气干云的晨越，这底气正来自其对全过程工程咨询模式的理解、实践和积累。最终携程大楼不仅以更短的工期顺利完成了建设任务，而且实实在在地捧回了“天府杯”。

面对企业取得的成绩，王宏毅十分清醒，他

说："晨越建管的诞生和发展，离不开国家政策的支持，晨越建管要实现自己为国家建设提供全面、优质服务的目标，更是离不开顶层设计的规划、国家方略的指引。毕竟，'一花独放不是春'呀，唤醒百花齐放，还得靠春雷、春雨和春风。"

## 春雷醒大地 晨越志"凌云"

"《意见》对国内工程管理行业的转型升级，对消除国内原有建设管理模式存在的弊病，有着现实而重大的意义。"谈起《意见》的出台，王宏毅如是说。

长期以来，我国工程管理行业呈现着"小、散、乱"的局面，大部分企业专注于投资咨询、造价咨询、招标代理、工程监理等工程建设过程的"阶段性和局部性"工作，鲜有贯通工程管理产业链，为业主提供全过程工程咨询的企业。以业务规模相对较大的监理企业为例，截至 2014 年底，我国建设工程监理行业在册企业总数 7279 家，但营业收入超过 3 亿元的工程监理企业也只有 9 家，超过 2 亿元的仅 32 家。公司数量众多，规模普遍较小，竞争激烈，高度分散，这是我国工程管理行业大而不强的重要原因，王宏毅分析。

"要解决问题，首先得改变国内建设管理的原有模式，它长期存在阶段性和局部性的弊病。"王宏毅指出："这种模式割裂了项目建设各环节的内在联系，导致项目信息流断裂，建设管理统一控制流程被破坏，最终损害了业主方对项目质量、造价、安全和工期的有效控制。可以说，国内传统的建设管理模式已严重滞后于国际惯例的全过程建设管理模式，并严重制约了工程建设效率的提升。"

"要革除这些痼疾，全过程工程咨询模式是最有效的办法。"王宏毅说："全过程工程咨询试点即将在国内部分省市铺开，建议工程管理行业内的各类企业，要尽快改变发展思路，强化互补合作，积极拓展综合服务能力，抓住新形势下的发展机遇！。"

"响应国家号召，更好践行全过程工程咨询，还必须坚定不移地依靠核心力量——党委、党员的力量。"王宏毅说："全过程工程咨询是中国工程管理行业发展的必然趋势，也是中国工程管理企业走向世界的必由之路！我们晨越建管是成都市第一批非公党委，作为党委书记，一个 30 年党龄的老党员，我从未放松在企业经营中深化党的建设的宗旨。凡是'急、难、险、重'的任务，都是我们党员同志冲在前面。对于全过程工程咨询，我们首先希望发挥党领导企业的先进作用，愿意与业内同行分享我们在全过程工程咨询方面的经验和积累，帮助同业开展全过程工程咨询业务试点，促进整个行业的转型和发展。"

谈到行业，说到未来，王宏毅把晨越的设想和盘托出。"我们已着手建设晨越云平台，这是我们集信息技术、大数据技术和互联网技术打造的工程管理平台，我们会将全过程工程咨询业务置于晨越云平台进行管理；后期晨越云平台将与我们另行打造的建设大数据平台对接，实现工程管理与建设大数据应用的整合。我们的目标就是为节约社会资源、创造建设管理价值作出贡献！"

晨兴春雷神州振，志向云端再腾越。作为全过程工程咨询的先驱，晨越建管一定会在政策春雷的鼓舞下，团结、引领业内有志有识的企业，迎着春风，沐着春雨，共同为国家强盛而龙飞凤舞，为民族圆梦而鹤鸣九天！

# 科研创新结硕果　助力发展促转型

甘肃省建设监理公司　魏和中　刘峰　李燕燕　彭毅

**摘　要：**针对信息化平台建设过程的总结，信息化技术的应用对企业管理效果提升和监理服务水平提升和促进作用的分析，为企业在信息化平台建设和应用提供参考。

**关键词：**信息化　管理　监理服务

甘肃省建设监理公司（以下简称公司）是全国首批甲级资质国有监理企业，拥有房屋建筑工程监理甲级、市政公用工程监理甲级、机电设备安装工程监理甲级、化工石油工程监理甲级、冶炼工程监理乙级、水利水电工程监理乙级、建设工程招标代理乙级、工程造价咨询乙级、人民防空工程监理乙级资质。公司所监理的项目获国家、省（部）级别、市级工程质量奖 97 项。其中“鲁班奖”4 项、“飞天金奖”7 项、“飞天奖”65 项、兰州市建设工程“白塔金奖”和“白塔奖”20 余项。为适应当前时代背景下监理行业创新升级转型发展，公司针对目前监理行业服务方法和手段比较传统，先进技术应用相对滞后的现状，在革新监理工作方式、改变监理服务手段、提高监理工作效率、降低劳动强度等方面做出了大量的探索和努力。

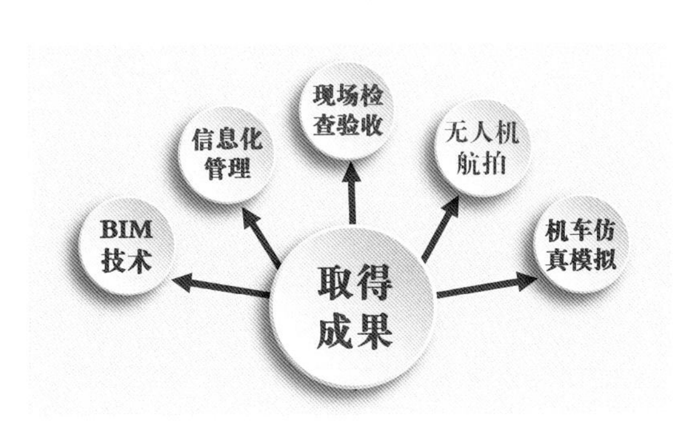


甘肃省是一个经济欠发达的省份，监理企业的数量相对较少、规模相对较小，但这并未影响公司发展创新的信心和勇气。近年来公司在科研创新、信息化建设方面结出了硕果，取得了五项成果：《BIM 技术应用》《信息化管理系统》《现场检查验收系统》《无人机地面站航测技术》《铁路机车车辆 BIM 仿真模拟培训考评系统》。

## 一、BIM 技术咨询服务快速发展，企业核心竞争力日益提高

为贯彻执行国务院《关于积极推进“互联网 +”行动的指导意见》和住房和城乡建设部《关于推进建筑信息模型应用的指导意见》，利用 BIM 技术，提高公司服务水平，增强企业核心竞争力，公司在 2015 年成立了甘肃省建筑工程数字化（BIM）中心，

利用监理企业得天独厚的优势开展 BIM 咨询业务。一方面充分发挥监理工作全过程管理的优势：先建立 BIM 模型，在施工过程中由现场监理人员对 BIM 模型进行补充完善，最终为建设单位移交一套与项目实际完全一致的、完整的、全面的信息数据库。第二个方面是实现 BIM 技术咨询费用多方承担。公司成功的经验是：企业划转一部分监理费作为 BIM 技术咨询费，申请协商建设单位、施工企业各承担一部分，通过此种方式实现模型共用、过程互通、成果共享的工作模式，并且得到了参建各方的欢迎和支持，有利于 BIM 技术的推广应用。

BIM 中心运行两年来，已经完成了陇南成州机场航站楼、兰州新区道路及管廊项目、兰州西站北广场地下安装工程、中国移动甘肃公司移动数据中心项目及甘肃省人民医院住院部 7、8 号楼等 23 项工程的 BIM 建模、设计优化、工程计量、施工过程模拟、构配件大样等工作，累计完成收费 480 万元，是甘肃省第一支具备了 BIM 技术全面推广应用的专业机构。

## 二、《信息化管理系统》彻底改变监理业务管理方式

公司自主研发的《信息化管理系统》科研项目于 2017 年取得了国家版权局颁发的计算机软件著作权登记证书。该项目从立项到完成开发用时三年，其中《功能需求说明书》经历了两年半时间，密切结合监理现场工作实际，上百名现场监理人员参与了全过程的研发，经过了大量的调查、研究和反复的讨论、修改和完善。系统投入运行半年的实践证明，我们实现了办公和现场监理的信息化管理，改变了传统的监理服务的方式，提高了工作效率，实现了监理过程中资料和数据的自动存档。

信息化管理系统包含信息化办公、现场管理、手机 APP 客户端和互动交流平台四个部分。

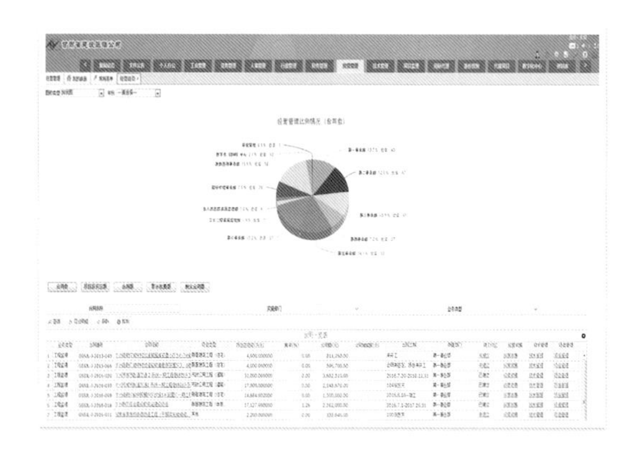

1. 信息化办公部分。包括新闻动态、文件公告、个人办公、党务管理、工会管理、人事管理、行政管理、经营管理、技术管理、系统管理等 10 个模块，实现了企业行政无纸化办公，简化了企业各部门工作流程，加强了公司对外和各部门之间的沟通协调，规范了公司管理制度和工作流程，健全了绩效考评体系。

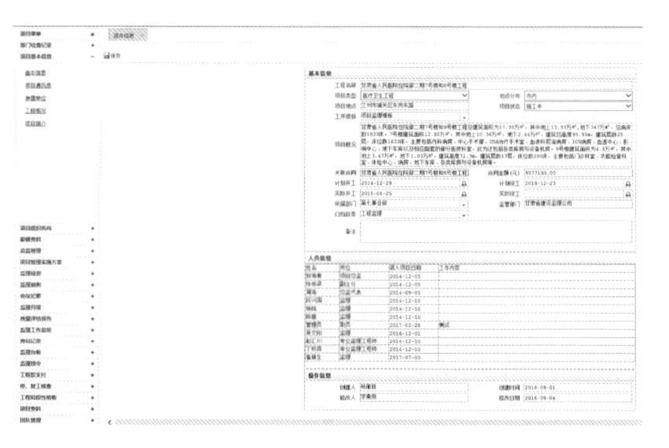

2. 现场管理部分。包括项目监理、招标代理、造价咨询、代建项目、数字化中心、部门首页、资料库等 7 个模块。项目监理模块中含有检查记录、项目基本信息、总监管理、监理规划、监理细则、会议纪要、监理月报、质量评估报告、监理工作总结、旁站记录、监理台账、监理指令、工程款支付、阶段性验收、项目资料等 20 个子模块，每个子模块中均设置了大量的可选择性资料库，涵盖了现场监理工作中的“三控两管一协调”等内容，大大减轻了现场资料的工作量，监理人员通过现场管理系统完成监理工作，系统自动存档，形成完整的项目资料数据库。

3. 手机 APP 部分。包括工作提醒、待办流程、文件通知、新闻动态、办公用品管理、印章管理、收费及合同管理台账、工作计划、资料库、通讯录、部门检查、监理月报等 27 个子模块，满足了系统的移动实时管理。

4. 互动交流平台。手机 APP 平台内嵌交流平台，实现员工之间的即时信息发布、互动交流、技术咨询等功能。

## 三、现场检查验收系统推动监理行业技术发展

《现场检查验收系统》包括了图纸管理、现场问题清单、标准规范、技术规范、图集、系统管理等 6 个模块，该系统的研发将彻底改变传统的监理模式，通过移动设备终端实现图纸、图集等资料的快速查询，并及时记录现场检查验收的信息，使监理人员彻底甩掉图纸，用智能化手段完成监理任务，它的应用将成为监理行业的一次技术革命。

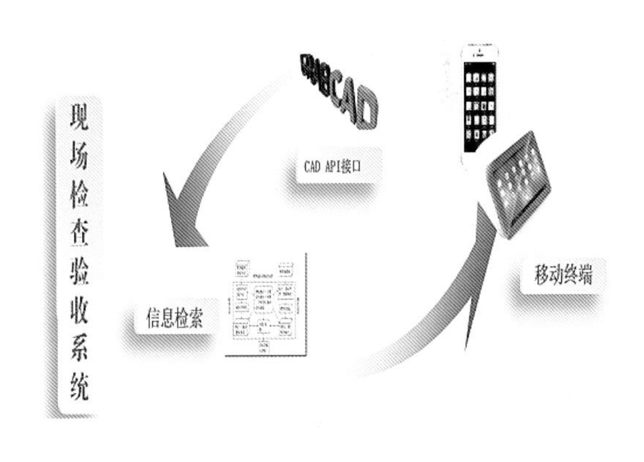


1. 图纸管理模块。包括图纸目录、技术规程、属性等子模块，能够按结构、建筑、给排水、电气等各专业将图纸归类与规范、规程、图集匹配并上传至云端数据库，及时、完整地保留图纸变更信息和图纸审查记录，通过移动终端可随时调用图纸及相关规程规范。

2. 现场问题清单。包括打印、生成标记文件、构件标记、添加标记、修改、上传 6 个子模块，可以将检查验收时的问题在图纸相应位置标记，生成问题清单，通过云端分享给监理部其他人员。

3. 现场检查验收系统还将钢筋锚固长度、搭接长度、加密区、保护层厚度等需要计算的内容进行了整合，只要选择相应的钢筋等级、直径、混凝土强度、抗震等级、构件截面尺寸等信息就能自动计算出结果。

## 四、无人机地面站航测技术实现土方工程量统计

随着科技的进步以及行业水平的提高，传统的测绘技术已经难以适应如今工程测绘工作的需求，公司购置大疆 M600 无人机，搭载高精度 RTK，通过采集高分辨率 POS 数据图像，对兰州大学新校区 7500 亩地的土方算量项目进行航测，生成与原地质地貌等比例的三维模型，可查看任意点的高程数据和纵断面的高差，并按不同范围和不同挖填方高度进行土方工程量计算。

无人机航拍土方算量相较于传统的土方算量方法提高了土方算量的工作效率，减少了工程预算，为建设单位大大节省了建设成本，缩短了工期。为实现航测精度要求，公司研发了无人机航测地面站，通过 RTK 自动控制无人机生成像控布点方案，实现空中三角测量，采集和存储地质地貌信息，该技术能够精准规划航线、自动航拍、精确航测。

## 五、铁路机车仿真培训考评系统助力铁路行业技术发展

受兰州铁路局委托，为改变传统列车司机培训方式，解决了列车驾驶、维修人员实训场地的培训需在车间扣车培训的问题，利用 BIM 技术模拟驾驶、维修，开发机车车辆仿真模拟培训考评系统，实现考试模拟系统，提高了培训质量。

该系统可配套对列车原部件进行分解解析，相较于以往的传统模拟系统，从驾驶方面的单一培训增加了对于应急事故的处理和简单机械事故的排查，对于整个铁路系统的运营添加了一道新的安全系数。同时，使司机真正掌握机车机械原理，提高了实作操作和现场处置问题的应急、应变能力。

目前，机车仿真模拟考评系统已完成弓网故障处理模块，经兰州铁路局审核，该系统已投入试运行，它将弥补国内 BIM 技术模拟驾驶技术支撑的空白。

驾驶室模型

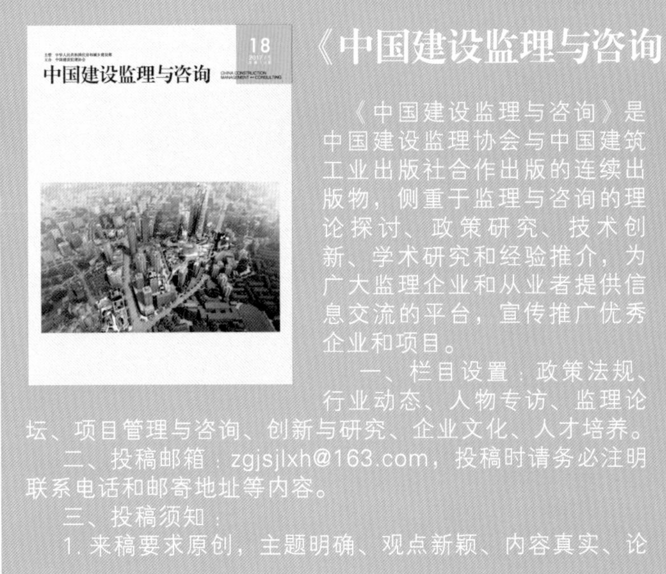


## 《中国建设监理与咨询》征稿启事

《中国建设监理与咨询》是中国建设监理协会与中国建筑工业出版社合作出版的连续出版物，侧重于监理与咨询的理论探讨、政策研究、技术创新、学术研究和经验推介，为广大监理企业和从业者提供信息交流的平台，宣传推广优秀企业和项目。

一、栏目设置：政策法规、行业动态、人物专访、监理论坛、项目管理与咨询、创新与研究、企业文化、人才培养。

二、投稿邮箱：zgjsjlxh@163.com，投稿时请务必注明联系电话和邮寄地址等内容。

三、投稿须知：

1. 来稿要求原创，主题明确、观点新颖、内容真实、论据可靠，图表规范，数据准确，文字简练通顺，层次清晰，标点符号规范。

2. 作者确保稿件的原创性，不一稿多投、不涉及保密、署名无争议，文责自负。本编辑部有权作内容层次、语言文字和编辑规范方面的删改。如不同意删改，请在投稿时特别说明。请作者自留底稿，恕不退稿。

3. 来稿按以下顺序表述：①题名；②作者（含合作者）姓名、单位；③摘要（300字以内）；④关键词（2~5个）；⑤正文；⑥参考文献。

4. 来稿以4000~6000字为宜，建议提供与文章内容相关的图片（JPG格式）。

5. 来稿经录用刊载后，即免费赠送作者当期《中国建设监理与咨询》一本。

本征稿启事长期有效，欢迎广大监理工作者和研究者积极投稿！

## 欢迎订阅《中国建设监理与咨询》

《中国建设监理与咨询》面向各级建设主管部门和监理企业的管理者和从业者，面向国内高校相关专业的专家学者和学生，以及其他关心我国监理事业改革和发展的人士。

《中国建设监理与咨询》内容主要包括监理相关法律法规及政策解读；监理企业管理发展经验介绍和人才培养等热点、难点问题研讨；各类工程项目管理经验交流；监理理论研究及前沿技术介绍等。

### 《中国建设监理与咨询》征订单回执（2018）

| 订阅人信息 | 单位名称 | | | | |
|---|---|---|---|---|---|
| | 详细地址 | | | 邮编 | |
| | 收件人 | | | 联系电话 | |
| 出版物信息 | 全年（6）期 | 每期（35）元 | 全年（210）元/套（含邮寄费用） | 付款方式 | 银行汇款 |
| 订阅信息 | | | | | |
| 订阅自2018年1月至2018年12月，＿＿＿＿＿套（共计6期/年）　付款金额合计￥＿＿＿＿＿＿＿＿＿＿＿＿元。 | | | | | |
| 发票信息 | | | | | |
| □开具发票<br>发票抬头：＿＿＿＿＿＿＿＿＿＿＿＿纳税人识别号：＿＿＿＿＿＿＿＿＿＿<br>发票类型：一般增值税发票<br>发票寄送地址：□收刊地址　□其他地址<br>地址：＿＿＿＿＿＿＿＿＿＿邮编：＿＿＿＿＿　收件人：＿＿＿＿＿　联系电话：＿＿＿＿＿ | | | | | |
| 付款方式：请汇至“中国建筑书店有限责任公司” | | | | | |
| 银行汇款 □<br>户　名：中国建筑书店有限责任公司<br>开户行：中国建设银行北京甘家口支行<br>账　号：1100 1085 6000 5300 6825 | | | | | |

备注：为便于我们更好地为您服务，以上资料请您详细填写。汇款时请注明征订《中国建设监理与咨询》并请将征订单回执与汇款底单一并传真或发邮件至中国建设监理协会信息部，传真 010-68346832，邮箱 zgjsjlxh@163.com。

联系人：中国建设监理协会　孙璐，刘基建，电话：010-68346832、88385640

中国建筑工业出版社　焦阳，电话：010-58337250

中国建筑书店　电话：010-68324255（发票咨询）

《中国建设监理与咨询》协办单位

北京市建设监理协会
会长：李伟

中国铁道工程建设协会
副秘书长兼监理委员会主任：肖上潘

京兴国际工程管理有限公司
执行董事兼总经理：李明安

北京兴电国际工程管理有限公司
董事长兼总经理：张铁明

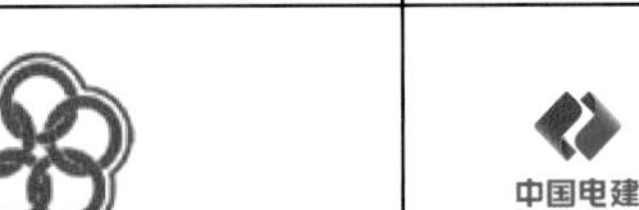


北京五环国际工程管理有限公司
总经理：李兵

中国水利水电建设工程咨询北京有限公司
总经理：孙晓博

鑫诚建设监理咨询有限公司
董事长：严弟勇　总经理：张国明

北京希达建设监理有限责任公司
总经理：黄强

中船重工海鑫工程管理（北京）有限公司
总经理：栾继强

中咨工程建设监理公司
总经理：杨恒泰

山西省建设监理协会
会长：唐桂莲

山西省建设监理有限公司
董事长：田哲远

山西煤炭建设监理咨询公司
执行董事兼总经理：陈怀耀

山西和祥建通工程项目管理有限公司
执行董事：王贵展　副总经理：段剑飞

太原理工大成工程有限公司
董事长：周晋华

山西省煤炭建设监理有限公司
总经理：苏锁成

山西震益工程建设监理有限公司
董事长：黄官狮

山西神剑建设监理有限公司
董事长：林群

山西共达建设工程项目管理有限公司
总经理：王京民

晋中市正元建设监理有限公司
执行董事兼总经理：李志涌

运城市金苑工程监理有限公司
董事长：卢尚武

吉林梦溪工程管理有限公司
总经理：张惠兵

沈阳市工程监理咨询有限公司
董事长：王光友

大连大保建设管理有限公司
董事长：张建东 总经理：柯洪清

上海建科工程咨询有限公司
总经理：张强

上海振华工程咨询有限公司
总经理：徐跃东

山东同力建设项目管理有限公司
董事长：许继文

山东东方监理咨询有限公司
董事长：李波

江苏誉达工程项目管理有限公司
董事长：李泉

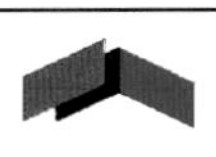


连云港市建设监理有限公司
董事长兼总经理：谢永庆

江苏赛华建设监理有限公司
董事长：王成武

江苏建科建设监理有限公司
董事长：陈贵 总经理：吕所章

安徽省建设监理协会
会长：陈磊

合肥工大建设监理有限责任公司
总经理：王章虎

浙江省建设工程监理管理协会
副会长兼秘书长：章钟

浙江江南工程管理股份有限公司
董事长总经理：李建军

浙江华东工程咨询有限公司
执行董事：叶锦锋 总经理：吕勇

浙江嘉宇工程管理有限公司
董事长：张建　总经理：卢甬

江西同济建设项目管理股份有限公司
法人代表：蔡毅 经理：何祥国

福州市建设监理协会
理事长：饶舜

厦门海投建设监理咨询有限公司
法定代表人：蔡元发　总经理：白皓

驿涛项目管理有限公司
董事长：叶华阳

河南省建设监理协会

河南省建设监理协会
会长：陈海勤

中兴监理

郑州中兴工程监理有限公司
执行董事兼总经理：李振文

《中国建设监理与咨询》协办单位

|  河南建达工程咨询有限公司<br>总经理：蒋晓东 |  河南清鸿建设咨询有限公司<br>董事长：贾铁军 |  河南建基工程管理有限公司<br>总经理：黄春晓 |  郑州基业工程监理有限公司<br>董事长：潘彬 |
|---|---|---|---|
|  中汽智达（洛阳）建设监理有限公司<br>董事长兼总经理：刘耀民 |  河南省光大建设管理有限公司<br>董事长：郭芳州 | 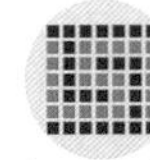 河南方阵工程监理有限公司<br>总经理：宋伟良 |  武汉华胜工程建设科技有限公司<br>董事长：汪成庆 |
| 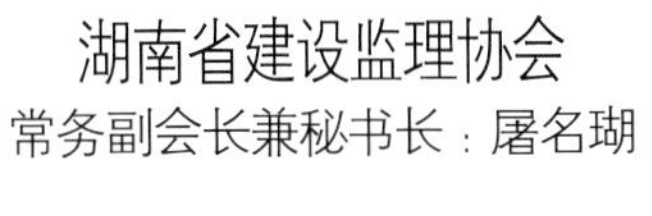 湖南省建设监理协会<br>常务副会长兼秘书长：屠名瑚 | 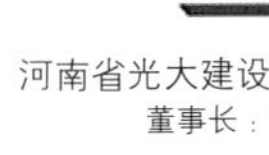 长沙华星建设监理有限公司<br>总经理：胡志荣 |  湖南长顺项目管理有限公司<br>董事长：潘祥明 总经理：黄劲松 | 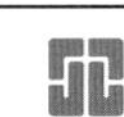 深圳市监理工程师协会<br>会长：方向辉 |
|  广东工程建设监理有限公司<br>总经理：毕德峰 |  重庆赛迪工程咨询有限公司<br>董事长兼总经理：冉鹏 |  重庆联盛建设项目管理有限公司<br>总经理：雷开贵 |  重庆华兴工程咨询有限公司<br>董事长：胡明健 |
|  重庆正信建设监理有限公司<br>董事长：程辉汉 |  重庆林鸥监理咨询有限公司<br>总经理：肖波 |  重庆兴宇工程建设监理有限公司<br>总经理：唐银彬 |  四川二滩国际工程咨询有限责任公司<br>董事长：赵雄飞 |
|  成都晨越建设项目管理股份有限公司<br>董事长：王宏毅 |  云南省建设监理协会<br>会长：杨丽 |  云南新迪建设咨询监理有限公司<br>董事长兼总经理：杨丽 |  云南国开建设监理咨询有限公司<br>执行董事兼总经理：张葆华 |
|  贵州省建设监理协会<br>会长：杨国华 | 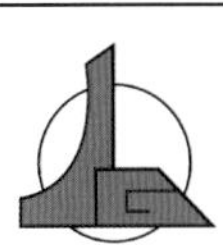 贵州建工监理咨询有限公司<br>总经理：张勤 |  西安高新建设监理有限责任公司<br>董事长兼总经理：范中东 |  西安铁一院工程咨询监理有限责任公司<br>总经理：杨南辉 |
|  西安普迈项目管理有限公司<br>董事长：王斌 | 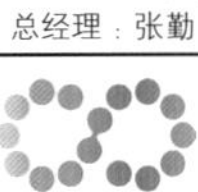 西安四方建设监理有限责任公司<br>总经理：杜鹏宇 |  华春建设工程项目管理有限责任公司<br>董事长：王勇 |  陕西华茂建设监理咨询有限公司<br>总经理：阎平 |
|  永明项目管理有限公司<br>董事长：张平 |  甘肃经纬建设监理咨询有限责任公司<br>董事长：薛明利 |  甘肃省建设监理公司<br>董事长：魏和中 |  新疆昆仑工程监理有限责任公司<br>总经理：曹志勇 |
| WANG TAT<br>广州宏达工程顾问有限公司<br>广州宏达工程顾问有限公司<br>总经理：伍忠民 |  河南方大建设工程管理股份有限公司<br>董事长：李宗峰 |  河南省万安工程建设监理有限公司<br>董事长：郑俊杰 |  中元方工程咨询有限公司<br>董事长：张存钦 |
|  |  |  |  |

# 山西省建设监理行业及协会

山西省建设监理协会成立于 1996 年 4 月，20 年来，在省住建厅、中国建设监理协会以及省民间组织管理局的领导、指导下，山西监理行业发展迅速，已成为工程建设不可替代的重要组成部分。

**从无到有，逐步壮大。**随着改革开放的步伐，全省监理企业从 1992 年的几家发展到 2016 年底的 234 家，其中综合资质企业 2 家，甲级资质企业 76 家、乙级资质企业 107 家、丙级资质企业 49 家。企业数量全国排序 15 位。协会现有会员 200 家，理事 215 人，常务理事 65 人，理事会领导 18 人。会员涉及煤炭、交通、电力、冶金、兵工、铁路、水利等领域。

**队伍建设，由弱到强。**全省监理从业人员从刚起步的几十人发展到现在 3 万余人。其中，取得国家监理工程师执业资格 7500 余人（注册 5296 人），专业监理工程师（含原省师）8000 余人，原监理员、见证取样员 12000 余人，从业人员数全国排序第 15 位，监理队伍不断壮大，人员素质逐年提高。

**引导企业，拓展业务。**监理业务不仅覆盖了省内和国家在晋大部分重点工程项目，而且许多专业监理积极走出山西，参与青海、东北、新疆等 10 多个外省部分相当规模的大型项目建设，还有部分企业走出国门，如：纳米比亚北爆公司项目管理，吉尔吉斯斯坦硫窑项目管理，印尼巴厘岛一期 3×142MW 燃煤电厂工程等。

**奖励激励，创建氛围。**一是年度理事会上连续六年共拿出 50 余万元奖励获参建鲁班奖的国优工程的监理企业（企业 10000 元、总监 5000 元），鼓励企业创建精品工程。二是连续六年，共拿出 15 万元奖励在国家监理杂志发表论文的 600 余名作者，每篇 200~500 元不等，助推理论研究工作。三是连续四年，共拿出近 10 万元奖励省内进入全国监理百强的企业（每企业奖 10000 元），鼓励企业做强做大。四是连续四年，共拿出近 8 万元，奖励竞赛获奖选手、考试状元等，激励正能量。

**精准服务，效果明显。**理事会本着“三服务”（强烈的服务意识；过硬的服务本领；良好的服务效果）宗旨，带领协会团队，紧密围绕企业这个重心，坚持为政府、为行业和企业双向服务。一是充分发挥桥梁纽带作用。一方面积极向主管部门反映企业诉求，另一方面连续六年组织编写《山西省建设工程监理行业发展分析报告》，为政府提供决策依据。二是指导引导行业健康发展。开展行业诚信自律、明察暗访、选树典型等活动。三是注重提高队伍素质。狠抓培训的编写教材、优选教师、严格管理，举办讲座、《监理规范》知识竞赛、《增强责任心 提高执行力》演讲以及羽毛球大赛。四是经验交流。推广监理资料、企业文化等先进经验。五是办企业所盼。组织专家编辑《建设监理实务新解 500 问》工具书等。六是推动学习。连续三年共拿出 33 万余元为近 200 家会员赠订三种监理杂志 1300 余份，助推业务学习。七是提升队伍士气。连续八年盛夏慰问一线人员。

**不懈努力，取得成效。**近年来，山西监理行业的承揽合同额、营业收入、监理收入等呈增长态势。协会的理论研究、宣传报道、培训教育、服务行业等工作卓有成效，赢得了会员单位的称赞和主管部门的认可。先后荣获中监协各类活动“组织奖”五次；山西省民政厅“五 A 级社会组织”荣誉称号两次；山西省人社厅、山西省民政厅 2013 年授予“全省先进社会组织”荣誉称号；山西省建筑业工业联合会 2014 年授予“五一劳动奖状”荣誉称号；山西省住建厅“厅直属单位先进集体”荣誉等。

面对肩负的责任和期望，我们将聚力奋进，再创辉煌。

地址：太原市建设北路 85 号
邮编：030013
电话：0351-3580132 3580234
邮箱：sxjlxh@126.com
网址：www.sxjsjlxh.com

唐桂莲会长带领协会人员于 2014 年盛夏慰问省委应急指挥中心项目部

协会 2015 年用 3 万余元购 10 台电脑，王雄秘书长带队，赠送十个监理部

副秘书长孟慧业、王海军带队，于 2016 年盛夏慰问微循环路网改造项目监理部

中国社会组织评估等级证书

山西省建设监理协会

经评估，你会被评为5A级社会组织，特颁此证。

中国社会组织评估等级证书

山西省建设监理协会

经评估，被评为AAAAA级社会组织，特颁此证。

2011 年、2013 年，山西省民政厅两次授予山西省监理协会“五 A 级社会组织”称号

荣誉证书

山西省建设监理协会

被评为全省先进社会组织，特发此证。

山西省人力资源和社会保障厅
山西省民政厅
二〇一三年十一月

2013 年，山西省人力资源和社会保障厅、山西省民政厅授予协会“全省先进社会组织”荣誉称号

荣誉证书

山西省建设监理协会
山西省建筑业系统
五一劳动奖状

2014 年，山西省建筑工业工会联合会授予协会山西省建筑业系统“五一劳动奖状”

# 云南省建设监理协会

云南省建设监理协会（以下简称“协会”）成立于1994年7月，是云南省境内从事工程监理、工程项目管理及相关咨询服务业务的企业自愿组成的，区域性、行业性、非营利性的社团组织。其业务指导部门是云南省住房和城乡建设厅，社团登记管理机关是云南省民政厅，2012年被云南省民政厅评为4A级社会组织。目前，协会共有172家会员单位。

协会第六届管理机构包括：理事会，常务理事会，监事会，会长办公会，秘书处，并下设期刊编辑委员会、专家委员会等常设机构。22年来，协会在各级领导的关心和支持下，严格遵守章程规定，积极发挥桥梁纽带作用，沟通企业与政府、社会的联系，了解和反映会员诉求，努力维护行业利益和会员的合法权益，并通过进行行业培训、行业调研与咨询和协助政府主管部门制订行规行约等方式不断探索服务会员、服务行业、服务政府、服务社会的多元化功能，努力适应新形势，谋求协会新发展。

地址：云南省昆明市滇池国家旅游度假区
迎海路8号金都商集3幢10号
邮编：650228
电话：（0871）64133535
传真：（0871）64168815
网址：http://www.ynjsjl.com/
E—mail：ynjlxh2016@qq.com

云南省建设监理协会
微信公众号二维码

2016年12月6日召开协会第六届会员大会暨换届选举大会

召开六届会长办公会商议确定协会年度工作重点

举办“云南省监理员、监理工程师上岗培训班”

召开协会专家委员会第一次会议

架桥梁！促沟通！协会开展全体会员调研工作

召开编委会会议，研究2017年会刊事宜

新成员，新起点！2017年通联工作会议顺利召开

## 甘肃经纬建设监理咨询公司

Gansu Construction Supervision Consulting Co., Ltd.

公司现拥有房屋建筑工程、矿山工程、市政公用工程、文物保护工程监理甲级资质；公路工程、冶炼工程、化工石油工程、电力工程、人防工程乙级监理资质；水利工程、地质灾害治理工程丙级监理资质；建设项目环境监理资质；文物保护勘察设计乙级资质；招标代理、造价咨询乙级资质；建设工程项目代建资质。

公司于2004年首次通过ISO9001：2000质量管理体系认证。并实质性联建了省内监理行业的第一家监理实验室。公司现有在册职工781人，其中高级工程师116人，工程师223人，助理工程师280多人；公司现具有各类国家注册人员239名；具有甘肃省建设工程专家库成员资格21人；所有专业人员均接受过国家住建部、住建厅或公司本部等不同层次的监理专业培训。

公司按照监理业务的特点，本着高效、精干、权责一致的原则，设置了综合办、财务部、经营部、技术质检部四个职能部门以及若干项目监理部、造价咨询部、招标代理部等二级生产部门。公司部门之间依据职能，分工合作，具有完善的项目投标评审、合同签订评审、技术文件审批等管理流程。

公司以项目监理部为标准生产单位，由技术质检部牵头，组织成立公司内部质量安全检查组，每月对公司所有监理项目覆盖式检查一次，并在每月一次的公司生产会上评比通报检查结果，主动消除项目监理过程中的隐患和不足，及时与业主沟通，解决问题，努力争取达到使每一个业主满意的质量目标。

为支持和强化现场监理工作，公司不断完善和创新工作方法，陆续建立了公司网页、员工QQ群、微信群、公司移动通信V网，创建了公司内部期刊“经纬论道”，以便于内部交流学习，展示公司形象及动态。

公司根据每个项目特性，配备了电脑、打印机、照相机、标准化检测工具包等；对于重点监理项目，还配备了摄像机、视频监控设备及汽车等交通工具。

公司每年还定期组织内部业务学习，邀请省内各专业著名专家、学者为员工授课培训，提高业务技能。

公司一直秉承“经纬＝军队＋学校＋家庭”的管理理念，以军队的纪律严格管理，恪尽职守，创造学校般的氛围帮助员工的进步成长，以家人的温情彼此关心，让每一个员工在工作中发现快乐，在快乐中享受工作。公司成立了工会组织、党支部组织；公司按规定和每位员工签订劳动合同、廉政责任书，购买养老、医疗等相关保险，定期发放防温降暑用品，送员工生日蛋糕等福利；定期组织员工聚会、旅游等活动，极大丰富了公司员工的业余生活。

近年来，公司已完成监理工程800多项，业务遍及省内各地并拓展到北京、广东、海南、山东、山西、湖南、辽宁、河南、四川、陕西、宁夏、青海、内蒙、云南、贵州、新疆、西藏等18个省市，完成监理工程投资总额680多亿元。

完成的具有代表性的房屋建筑项目有：中川2#航站楼、兰州新区保税区、临夏大剧院、解放军第四医院医技综合楼、兰州航天510所检测中心实验楼、兰州大学公寓楼、甘肃金川公司兰州聚金雅园住宅小区、兰州石油化工公司12#街区住宅小区、甘肃城投格林庭院综合商住楼、安宁庭院住宅小区等项目。

具有代表性的市政项目有：兰州市城区污水全收集管网建设工程项目、兰州新区道路工程、金昌市龙泉景观带环境工程（L2环境景观工程）、陇南市滨江生态公园工程监理。

具有代表性的矿山冶炼工程项目有：西藏矿业集团罗布萨铬铁矿平巷建设工程、中国黄金集团夜长坪钼矿采选改扩建地表工程、新疆有色集团哈密黄土坡铜锌矿工程等项目。

完成的具有代表性的文物保护工程有：西藏布达拉宫文物保护项目、兰州市中山桥维修加固工程、国家文化遗产地麦积山石窟保护项目、敦煌莫高窟九层楼抢险修缮工程等项目。

公司始终秉承“公平、独立、诚信、科学”的原则，信守承诺，诚信为本，以较高的履约率和监理工作质量赢得了广大业主的信赖和赞誉。2012年被授予“2011-2012年度中国工程监理行业先进工程监理企业”“贯彻实施建筑施工安全标准示范单位”的荣誉称号；2013年被推选为“中国建设监理协会理事单位”，连续四年获得“守合同重信用”单位荣誉称号。近年来获得甘肃省飞天奖表彰的工程33项，各地州市级质量奖项25项，省级文明工地表彰41项。

目前，公司已顺利完成了股份制改造后的第一个十年计划，达到了“省内一流、国内争先”的目标，现正顺利向第二个十年计划迈进。相信公司以“诚信”为基础，以人才为根本，以技术为先锋，一定能完成下一个奋斗目标，发展成为一个企业文化厚重、核心竞争力强大，国内一流、国际争先，受客户尊重的企业！


地　址：甘肃省兰州市城关区定西路518号长城山海苑1号楼5楼
邮　编：730000
电　话：0931-8630698（传真）、4894313
网　址：www.gsjwjl.com.cn
E-mail：gsjwjlgs@vip.163.com

兰州新区综合保税区

兰州中川机场扩建工程—航站楼工程

兰州中山桥维修加固工程

临夏民族大剧院建设项目

莫高窟检测预警体系建设项目

青海公伯峡水电站（鲁班奖、国家优质工程金奖）

江苏宜兴抽水蓄能电站（鲁班奖工程）地下厂房

山东泰安抽水蓄能电站（鲁班奖工程）上水库

安徽响水涧抽水蓄能电站（国家优质工程）

水规总院勘测设计科研楼（鲁班奖工程）

北京－八达岭高速公路潭峪沟隧道（鲁班奖工程）

南水北调中线一期工程总干渠黄河北－美河北段（水利部重点工程）渠道

内蒙古锡林郭勒盟洪格尔风电场一期工程

北京通州水厂应急调蓄泵站工程

山西大同光伏发电工程

# 中国水利水电建设工程咨询北京有限公司

中国水利水电建设工程咨询北京有限公司成立于1985年7月，是中国电建集团北京勘测设计研究院有限公司全资子公司。在国内首批取得建设部、水利部、电力工业部、北京市甲级监理单位资质。现具有住建部核准的水利水电工程甲级、房屋建筑工程甲级、电力工程甲级、市政公用工程甲级监理资质；水利部核准的水利工程施工监理甲级、机电及金属结构设备制造监理甲级、水土保持工程监理甲级、环境保护监理资质；国家人防办核准的人防工程甲级监理资质；北京市住建委核准的公路工程乙级监理资质；通过了质量、环境、职业健康安全管理体系认证，可全方位提供国内外水电水利、新能源、基础设施及环境工程建设领域从项目前期规划直至工程总承包全过程技术咨询、监理和项目管理服务，抽水蓄能工程核心监理能力始终处于国内领先水平，年度监理收入超过亿元。连续多年被评为“中国建设监理创新发展20年先进监理企业”“共创鲁班奖工程监理企业”“北京市工程建设优秀监理单位”“全国服务质量信得过单位”，现为“中国水利工程监理AAA级信用企业”“北京市建设工程诚信监理企业”“北京市诚信长城杯企业”，共青团中央授予“全国青年文明号”。

公司组织机构健全，员工规模七百人，中高级技术职称四百多人，各类资格证书四百多个，总监资格证近百个，荣获全国优秀水利企业家、四川省五一劳动奖章、中国建设监理协会授奖的优秀总监（监理工程师）、北京市监理协会授奖的优秀总监（监理工程师）超百人次。承担工程监理四百多项，大中型水利水电工程咨询百余项，业绩遍布国内30个省区及10多个海外国家地区，荣获鲁班奖等国家级优质工程奖14项，省市级优质工程奖近30项，中国优秀工程咨询成果奖1项。

公司以服务国家建设、促进人与自然和谐发展为企业使命，努力建设成为国内工程咨询行业“学习型、科技型、创新型”一流企业，竭诚为顾客提供优质服务。

地　址：北京市朝阳区定福庄西街1号
电　话：010-51972122
传　真：010-65767034
邮　编：100024
Q　Q：2467414577
网　址：bcc.bhidi.com
邮　箱：bcc1985@sina.com

# 太原理工大成工程有限公司

太原理工大成工程有限公司成立于2009年，隶属于全国211重点院校——太原理工大学，是山西太原理工资产经营管理有限公司全额独资企业。其前身是1991成立的太原工业大学建设监理公司，1997年更名为太原理工大学建设监理公司，2010~2012年改制合并更名为太原理工大成工程有限公司。

公司是以工程设计及工程总承包为主的工程公司，具有化工石化医药行业工程设计乙级资质，可从事资质证书许可范围内相应的工程设计、工程总承包业务以及项目管理和相关的技术与管理服务。

公司具有住建部房屋建筑工程、冶炼工程、化工石油工程、电力工程、市政公用工程、机电安装工程甲级监理资质，国土资源部地质灾害治理工程甲级监理资质，可以开展相应类别建设工程监理、项目管理及技术咨询等业务。

公司以全国“211工程”院校太原理工大学为依托，拥有自己的知识产权，具有专业齐全，科技人才荟萃，装备试验检测实力雄厚，在工程领域具有丰富的实践经验，可为顾客提供满意的服务、创造满意的工程。

公司现有国家注册监理工程师126人，国家注册造价工程师11人，国家注册一级建造师17人，国家注册一级建筑师1人，国家注册一级结构师2人，注册土木工程师（岩土）1人，注册化工工程师9人，国家注册咨询工程师（投资）6人，国家注册设备工程师1人。

公司成立以来，公司承接工程监理业务1400余项，控制投资800多亿元，工程合格率达100%。承建的项目先后获得国家（部）级大奖7项（其中鲁班奖2项、国家优质工程奖2项、全国市政金杯奖1项、国家化学工程优质奖1项、全国建筑工程装饰奖1项）、省级工程奖63项，市县级奖项数十项，创造了“太工大成”知名品牌。

公司建立了完善的局域网络系统，配置网络服务器1台，交换机6台，设置50余信息点，配置有PKPM、SW6、Pvcad、Autocad、天正、广联达等专业设计、预算软件及管理软件。配置有打印机、复印机、速印机、全站仪、经纬仪、水准仪等一批先进仪器设备。

公司于2000年通过了GB/T 19001 idt ISO 9001质量管理体系认证。在实施ISO 9001质量管理体系标准的基础上，公司积极贯彻ISO 14001环境管理体系标准和GB/T 28001职业健康安全管理体系标准，建立、实施、保持和持续改进质量、环境、职业健康安全一体化管理体系。

实现员工与企业同进步共发展是太原理工大成企业文化的精髓。公司历来重视企业文化建设，连续多年荣获“山西省工程监理先进企业”“撰写监理论文优秀单位”“发表监理论文优秀单位”“监理企业优秀网站”“监理企业优秀内刊”荣誉称号。

公司奉行“业主至上，信誉第一，认真严谨，信守合同”的经营宗旨，“严谨、务实、团结、创新”的企业精神，“创建经营型、学习型、家园型企业，实现员工和企业共同进步、共同发展”的发展理念，“以人为本、规范管理、开拓创新、合作共赢”的管理理念，竭诚为顾客服务，让满意的员工创造满意的产品，为社会的稳定和可持续发展作出积极的贡献。

背景：大同市中医医院御东新院工程（国家优质工程奖）

并州饭店维修改造工程（中国建设工程鲁班奖）

山西省博物馆（中国建设工程鲁班奖）

山西交通职业技术学院新校区建设项目实验楼－国家优质工程奖

山西国际贸易中心－山西省优良工程、汾水杯工程奖

省委应急指挥中心暨公共设施配套服务项目（全国建筑工程装饰奖）

汾河景区南延伸段工程

荣誉证书

太原理工大成工程有限公司：

荣获2014年度山西省工程监理

先进企业

荣誉证书

太原理工大成工程有限公司：

荣获2015年度山西省工程监理

先进企业

荣誉证书

太原理工大成工程有限公司：

荣获2016年度山西省工程监理

先进企业

荣誉证书

太原理工大成工程有限公司：

荣获纪念山西监理协会20周年

三晋监理二十强


地　址：山西省太原市万柏林区迎泽西大街79号

邮　编：030024

电　话：0351-6010640 0351-6018737

传　真：0351-6010640-800

网　址：www.tylgdc.com

E-mail：tylgdc@163.com

无锡银辉广场

桑田岛

无锡茂业城

无锡硕放机场

无锡太湖饭店

盛高地产金匮里

江苏省中医院

TONGLI
同力项目管理

# 山东同力建设项目管理有限公司

山东同力建设项目管理有限公司的前身是淄博工程承包总公司，始建于1988年。公司成立伊始，主要从事工程总承包业务，1993年被确立为全国监理试点单位，1997年获住建部甲级监理资质，2004年成功改制，正式更名为山东同力建设项目管理有限公司，于2008年合并了淄博诚信建设项目招投标代理有限公司和山东同力工程造价咨询有限公司，成为综合性建设咨询服务企业。公司注册资金2000万元，目前已具备工程监理综合资质、工程招标代理甲级资质、政府采购代理甲级资格、工程造价咨询甲级资质、人防工程建设监理乙级资质、中央投资项目招标代理乙级资格、工程咨询乙级资格、机电产品国际招标代理资格等，是山东省建设咨询服务领域资质最全、最高的单位之一，同时是山东省建设监理协会副理事长单位、山东省民防协会常务理事单位、山东省工程建设标准造价协会理事单位，淄博市建设监理协会会长单位。卓越来源于实力的不断增长，公司业已通过了质量管理、环境管理、职业健康安全管理三位一体的管理体系认证。

公司拥有一批相关领域的专家团队和技术、经济、管理的专业人才，具备中高级职称的有200余人，各类国家注册资格的近200人次，人才是公司发展的先决条件，公司组建了技术过硬、经验丰富的专家委员会，把人才、技术做为企业发展的强劲动力。采用项目管理系统进行业务管理，通过该系统实现技术资源的共享，简化工作流程，及时全面掌握相关信息，做到统筹兼顾、准确决策，并成立BIM信息中心，通过对项目各种信息进行整合，运用三维建模和施工仿真模拟，从而帮助业主实施整个建筑生命周期管理。

公司一贯重视技术培训与研讨交流，为项目部攻克技术难题，为客户提出合理化建议；组织有关专家编制或参编了多本省、市级建设工程行业规范、标准；设立业务督查组，定期对项目巡查考核，提出整改意见，及时与业主沟通，总结推广成功经验，为项目部提供强有力的技术保障。

公司服务足迹遍布全国20多个省、直辖市、自治区，同时在蒙古、印度等国家也留下了同力人的足迹。公司秉承“团队、诚信、创新、共赢”的核心价值理念，用责任筑起一座座丰碑。

为客户创造品质，为员工提供发展空间，为社会创造效益价值，是山东同力建设项目管理有限公司发展的基石和动力，所服务的项目也得到了国家、省、市各级建设行政主管部门的充分肯定，为国家、地方和投资人作出了自己应有的贡献。公司先后获得“山东省诚信企业”“山东省建设监理综合实力‘十强’企业”“山东省先进监理企业”“山东建设监理创新发展二十周年先进监理企业”“山东省工程造价咨询行业先进单位”“山东省工程建设项目招标代理机构优质服务先进单位”等荣誉称号；连续多年荣获“省级守合同重信用企业”“山东省工程造价咨询信用A级企业”“市先进建设监理企业”“市工程造价咨询先进单位”“市招标代理先进单位”。

高度的人文凝聚力是公司保持发展动力的根本源泉。公司每年举办年会、表彰大会、文体活动、拓展训练、健康体检、外出游学等活动，多角度关心员工成长，在党团活动中强化了党员先锋模范带头作用，把爱国、爱党、爱岗、敬业、奉献根植于公司发展之中，打造出一支有追求、有能力、有激情、有担当的精英团队。潜心谋划自身发展，同时不忘回报社会，公司先后与青岛农业大学、山东理工大学签订校企合作共育人才协议，为广大建筑学子提供实践机会；连续数年向慈善总会、红十字会捐款，肩负社会责任，奉献同力爱心。

展望机遇与挑战并存的未来，我们有意愿成为建设咨询服务领域的杰出领导者，给予同力客户高品质服务及整体解决方案。

**公司监理项目部分荣誉**

**质量奖：**
鲁班奖
国家优质工程奖
装修工程国家优质工程奖
泰山杯
山东省援建北川建设工程质量“泰山杯”
山东省建筑装饰装修工程质量“泰山杯”
四川省天府杯银奖
山东省建设工程优质结构杯奖
山东省金杯示范工程
山东省园林绿化优质工程
山东省住宅工程质量通病专项治理示范工程
山东省施工现场综合管理样板工程

**安全奖：**
AAA级安全文明标准化工地
山东省建筑施工安全文明示范工地
山东省建筑施工安全文明优良工地
山东省建筑施工安全文明工地
山东省援川安全文明工地
山东省市政基础设施工程安全文明工地
山东省建筑施工安全文明小区

地　址：山东淄博市张店柳泉路111号创业火炬广场B座17、18层
电　话：0533-2300833 2302646 2305529
传　真：0533-2300833
网　址：www.sdtlpm.com
E-mail：sdtlpm@163.com

## 鲁班奖

淄博市广电中心大厦工程

淄博高新区现代老年生活中心世博国际高新医院门诊医技病房综合楼工程

## 国家优质工程奖

淄川生活垃圾焚烧处理项目

高新区先进陶瓷创新中心研发综合楼

淄博运动员公寓2#楼工程

临淄现代学校综合楼与音乐会议中心工程

淄博市体育中心工程

淄博职业学院实训楼工程

## 装修工程国家优质工程奖

淄博市体育中心综合体育馆幕墙工程

**企业文化**

愿景：成为建设咨询服务领域的杰出领导者

使命：致力于以不断提升自我，给予同力客户高品质服务及整体解决方案

核心价值：团队 诚信 创新 共赢

利丰国际大厦

融创观澜壹号

名门天境广场

郑州大学西亚斯国际学院图书馆

郑州市 107 辅道

# 河南方大建设工程管理股份有限公司

河南方大建设工程管理股份有限公司（股票代码：839296）成立于 2003 年。主要提供与工程建设相关的管理咨询与技术咨询服务，包括工程项目的管理与代建、工程监理、工程造价咨询、招投标与采购代理、BIM 咨询、第三方评估、工程技术咨询等工程咨询服务。

公司具有房屋建筑工程监理甲级、市政公用工程监理甲级、水利水电工程监理甲级、化工石油工程监理甲级、机电安装工程监理乙级、人防工程监理乙级、中央投资项目招标代理甲级、建设工程招标代理甲级、政府采购招标代理甲级及工程造价咨询甲级资质。

公司已通过 GB/T 19001–2008 质量管理体系、GB/T 28001–2011 职业健康安全管理体系和 GB/T 24001–2004 环境管理体系认证。

公司在全国 15 个省级行政区设立了四十余家分支机构，旗下拥有河南方大工程检测咨询有限公司、河南方大建筑科技有限公司两家子公司。

公司是河南省工程管理领域首家新三板创新层挂牌企业、河南省建筑业骨干企业（监理类）、全国首届“招标代理机构信用评价 AAA 级”“招标代理机构诚信创优 5A 级”企业、河南省“十佳智慧管理卓越企业”。连年荣获国家、省市先进单位等荣誉。

公司坚持以客户为中心，追求卓越、奉献社会；致力携手合作伙伴，推动行业良性发展；崇尚以人为本，实现以人的发展带动企业发展，以企业发展促进人的发展，打造具有强大凝聚力和向心力的现代企业；坚持促进社会可持续发展，保护生态环境，为共建幸福、美好的世界而持续努力。

地　址：中国 · 河南 · 郑州 · 康宁路与和谐路交会处德威广场 12F
电　话：0371-86120855　0371-85969780
传　真：0371-86226103
网　址：http://www.hnfdgl.com

沁阳市体育中心

三门峡产业园

郑州市农业路快速通道

# 重庆兴宇工程建设监理有限公司

重庆兴宇工程建设监理有限公司创立于 1997 年 9 月 15 日。现有资质为：房屋建筑工程、市政公用工程、机电安装工程监理甲级及设备监理乙级资质，同时还具有工程招标代理和政府采购代理乙级资质。公司已先后通过 ISO 9001 质量管理、ISO 14001 环境管理和 GB/T 28001-2001 职业健康安全管理三体系认证；2016 年获取军工涉密咨询服务安全保密条件备案证书；现为中国建设监理协会理事单位和重庆市监理协会副秘书长单位；重庆市"两新"企业市、区两级示范党组织。

公司专业技术及配套设施完善，管理机制健全，拥有多年从事工程设计与监理工作且管理经验丰富的各专业技术人员，现有在册员工 260 余人，其中：党员 35 人；高、中级职称 181 人；国家级注册各类工程师 72 人；各行业系统注册监理工程师 137 人；重庆市注册监理（安全）工程师 43 人；招标代理从业资格人员 29 人。

公司自创立以来，一贯奉行质量第一，优质服务，监帮结合的经营宗旨，崇尚监理一项工程，塑造一座丰碑，结交一方朋友的企业理念。已先后监理近 700 余项工业与民用、市政、钢结构、设备安装及精装修工程，承接的十余项钢结构（含重钢）厂房工程跨度、建筑面积和施工复杂程度居亚洲之最；其中华宇金沙时代工程荣获 2012 年中国土木工程詹天佑优秀住宅工程殊荣，725 研究所洛阳总部研发条件建设项目及天津临港重型装备研制基地海上多功能安装起吊平台（船）关键设备研制项目分别荣获 2012~2013 年度及 2014~2015 年度国家优质工程奖；重庆红江机械有限公司船用柴油机燃油喷射系统、调速器生产能力建设项目荣获 2013 年中国钢结构金奖（国家优质工程），另有多项获得市优质工程和结构优质工程殊荣；连续多年被中国建设监理协会船舶监理分会及重庆市监理协会评为"先进工程监理企业"和中国建设监理协会授予的"先进工程监理企业"荣誉称号；连续多年获得国家及重庆市"守合同重信用企业"；连续 4 年被重庆市工程建设招标代理协会评为"重庆市工程建设招标投标先进集体"。

目前公司监理项目已遍及重庆市所辖各区县，并已相续拓展至北京、上海、天津、武汉、广州、洛阳、昆明、贵阳、南宁、湛江、东莞、青岛、胶南、大连、杭州、无锡、宜宾、扬州、镇江、遵义、六盘水、昆山、南充等全国大中城市。

公司一贯秉承"守法、诚信、公开、公平、公正"的基本原则，本着以"服务一流，管理一流、信誉一流"的经营准则，创一流的业绩！

地址：重庆市大渡口区松青路 1029 号国瑞城 1 幢 3 楼 3-6 号
电话：023-68951819、023-68156413
传真：023-68156413
邮箱：xingyujianli@126.com

中国船舶重工集团公司第七二五研究所洛阳总部研发条件建设项目
荣获国家优质工程奖

临港重型装备研制基地海上多功能安装起吊平台（船）关键设备研制项目海工装备厂房及辅房工程
荣获 2014-2015 年度国家优质工程奖

重庆红江机械有限公司船用柴油机燃油喷射系统、调速器、生产能力建设项目
荣获 2013 年中国钢结构金奖

洛阳双瑞滨河花园 5#-8# 住宅楼工程
荣获洛阳市优质结构奖；洛阳市结构中州杯及河南省优质工程奖

珠江太阳城 A-1-1 区 3-1 号楼、2-2 号楼、4-1、2、3 号楼
荣获重庆市巴渝杯优质工程奖

重庆市丰都县人民医院

第三军医大学第三附属医院教学训练中心
荣获 2015 年度重庆市巴渝杯优质工程奖

关键液压件生产基地凤凰厂区一期油缸车间工程
荣获 2016 年度重庆市三峡杯优质结构工程奖

重庆市南川金科 · 世界城项目

重庆大渡口钓鱼嘴（北）公租房项目（A 组团）房屋建筑工程
该工程已申报重庆市巴渝杯优质工程奖

朝天门国际商贸城（项目管理）
建筑面积 142 万 $m^2$

重庆巴士股份有限公司总部大厦（设计、项目管理、监理、招标、造价一体化）

## 重庆联盛建设项目管理有限公司

公司拥有工程监理综合资质、工程造价咨询甲级、工程招标代理甲级、设备监理甲级、工程咨询甲级等众多资质，同时还拥有甲级建筑设计公司(全资子公司)。公司总经理雷开贵担任中国建设监理协会副会长、重庆市建设监理协会会长。

2014 年 8 月，公司得到住房与城乡建设部《关于全国工程质量管理优秀企业的通报》表扬（建质 [2014]127 号文，全国仅 5 家监理企业获此殊荣）。2012 年，公司同时获得了“全国先进监理企业”“全国工程造价咨询行业先进单位会员”和“全国招标代理机构诚信创优 5A 等级”。公司的监理收入在全国建设监理行业排名中，连续九年进入全国前 100 名。所承接的项目荣获“中国建筑工程鲁班奖”“中国安装工程优质奖”“中国钢结构金奖”“国家优质工程银质奖”等国家及省部级奖项累计达 400 余项。

公司除监理业务以外，还大力拓展工程项目管理、工程招标代理、工程造价咨询、工程咨询、工程材料检测、建筑设计等市场领域。公司以设计、监理团队为技术支撑，以造价咨询、招标代理、工程咨询团队为投资控制指导，以检测设备配备精良的检测试验室为辅助，熟练运用国际项目管理的方法与工具，对项目进行全过程、全方位、系统综合管理，按照国家规范及企业标准严格履行职责，在工程建设项目管理领域形成了公司的优势与特色，实现了市场占有率、社会信誉以及综合实力的快速、稳健发展。

内蒙古少数民族群众文化体育运动中心项目为内蒙古自治区 70 周年大庆主会场（项目管理、监理、招标、造价一体化、含 BIM 技术）

中国汽车工程研究院汽车技术研发与测试基地建设项目（项目管理、监理、招标、造价一体化）

重庆轨道交通工程

广东省莞惠城际轨道交通工程

龙湖春森彼岸（监理）

崇州市人民医院及妇幼保健院－重庆市对口支援四川崇州灾后恢复重建项目（项目管理、监理、招标、造价一体化）

# 陕西华茂建设监理咨询有限公司

陕西华茂建设监理咨询有限公司（原陕西省华茂建设监理公司）创立于1992年8月，2008年4月由国企改制为有限公司。

公司具有国家房屋建筑工程监理甲级、市政公用工程监理甲级、机电安装工程监理乙级及军工涉密工程监理、古建文物工程监理、人防工程监理和工程招标代理甲级、工程造价咨询甲级以及中央投资项目招标代理、政府采购招标代理等专业资质。可承接跨地区、跨行业的建设工程监理、项目管理、工程代建、招标代理、造价咨询以及其他相关业务。公司还与有关单位合作可为业主提供施工图审查、质量法定检测和材料试验业务。

公司设有党政办公室、财务核算部、工程管理部、人事管理部、经营合约部、招标与造价中心（中心下设若干工程招标代理部、造价咨询部），公司对在监项目管理设工程项目监理部，项目监理部实行法人代表授权的总监理工程师负责制，企业内部实行绩效考核和业主评价制。

公司600余名从业人员中75%以上具有国家注册监理工程师、注册造价工程师、安全工程师、招标师、建造师或中高级专业技术职称，先后参加过西安音乐学院、大唐芙蓉园、经发国际大厦、九座花园、省交通建设集团办公基地、西安建设工程交易中心、华山国际酒店、省公路勘察设计院办公基地、大唐西市博物馆、西工大附中高中迁建项目等一大批重点工程、标志性建设工程监理，具有扎实的专业知识和丰富的实践经验。

公司在20多年的发展进程中坚持以高素质的专业管理团队为支撑，以ISO 9001质量管理体系、ISO 14001环境管理体系、OHSAS 18001职业健康安全管理体系为保证，探索总结出一套符合行业规范和突出企业特点的经营管理激励约束机制和诚信守约服务保障机制，以及科学完备的企业规章制度。近年来，公司所监理的建设工程项目先后有5项荣获"中国建筑工程鲁班奖"、5项获国家优质工程奖、35项获陕西省优质工程"长安杯"、省新技术应用示范工程、省绿色施工示范工程、省结构示范工程，以及省级文明工地等，获奖总数名列陕西省同行业前茅。并被中国建设监理协会授予"全国先进监理单位""中国建设监理创新发展20年工程监理先进企业"，被中国建设管理委员会授予"全国工程招标十佳诚信单位"，被中国招标投标协会授予"招标代理机构诚信创优先进单位"，被省建设工程造价管理协会授予"工程造价咨询先进企业"，连续十几年被评为省、市先进监理企业，同时被省工商局授予"重合同守信用"单位，被陕西省企业信用协会授予"陕西信用百强企业"等，华茂监理已成为陕西建设监理行业的著名品牌。

公司还成为中国建设监理协会常务理事、中国招投标协会会员、中国土木工程学会建筑市场与招标研究分会理事、陕西省建设监理协会常务理事、副会长、西安市建设监理协会常务理事、副会长、陕西省招标投标协会常务理事、陕西省工程造价管理协会理事、陕西省土木建筑工程学会理事单位。

未来，公司将一如既往，秉承"用智慧监理工程，真诚为业主服务"的企业精神和"科学管理、严控质量、节能环保、安全健康、持续改进、创建品牌"的管理方针，以雄厚的综合实力、严格的内部管理、严谨的工作作风，竭诚为业界提供满意服务，建造优质工程。

中华人民共和国中央投资项目招标代理机构

预备级资格证书

中央投资

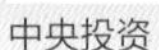

造价资质证书

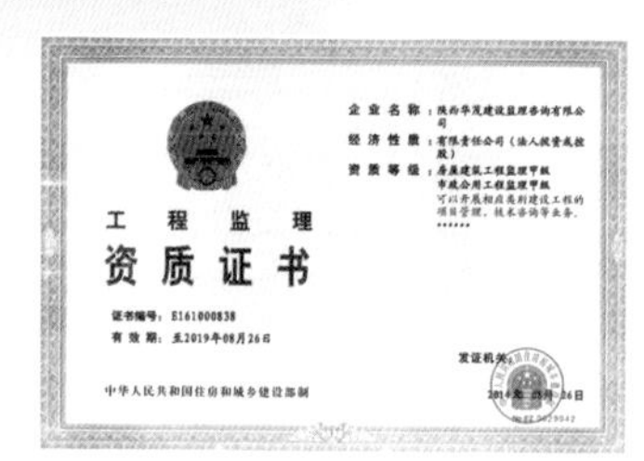
工程监理

资质证书

工程监理资质证书

军工涉密资质

工程招标代理资质证书

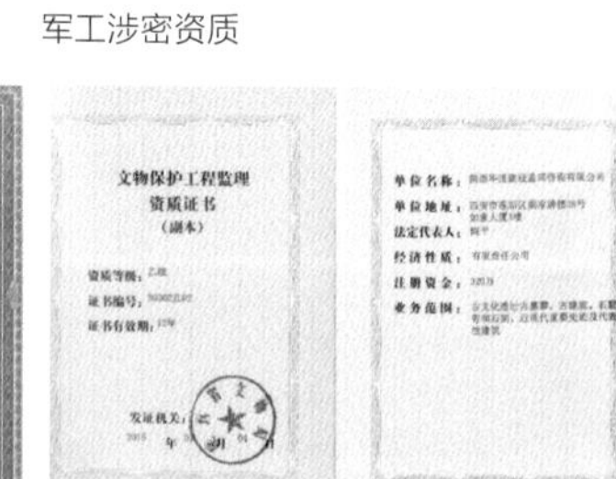
文物保护工程监理

资质证书

文物监理资质证书

陕西省交通建设集团公司西高新办公基地获国家优质奖

华山国际酒店鲁班奖

西安建设工程交易中心获国家银质奖

大唐芙蓉园获国家优质银质奖

办公基地1期办公楼、试验楼及综合楼工程监理项目获国家银质奖